Maii Moustafa Nabieh

A importância médica dos probióticos e da infeção por HCV

AF671251

Maii Moustafa Nabieh

A importância médica dos probióticos e da infeção por HCV

Efeito antiviral e antibacteriano dos probióticos no tratamento do VHC

ScienciaScripts

Imprint
Any brand names and product names mentioned in this book are subject to trademark, brand or patent protection and are trademarks or registered trademarks of their respective holders. The use of brand names, product names, common names, trade names, product descriptions etc. even without a particular marking in this work is in no way to be construed to mean that such names may be regarded as unrestricted in respect of trademark and brand protection legislation and could thus be used by anyone.

Cover image: www.ingimage.com

This book is a translation from the original published under ISBN 978-3-659-86545-9.

Publisher:
Sciencia Scripts
is a trademark of
Dodo Books Indian Ocean Ltd. and OmniScriptum S.R.L publishing group

120 High Road, East Finchley, London, N2 9ED, United Kingdom
Str. Armeneasca 28/1, office 1, Chisinau MD-2012, Republic of Moldova, Europe
Printed at: see last page
ISBN: 978-620-7-79334-1

Copyright © Maii Moustafa Nabieh
Copyright © 2024 Dodo Books Indian Ocean Ltd. and OmniScriptum S.R.L publishing group

Reconhecimento

Em primeiro lugar, graças a Deus, consegui terminar este livro para os doentes crónicos com hepatite C. Gostaria de agradecer à minha família: os meus pais, o meu irmão e a minha irmã por me terem apoiado espiritualmente ao longo do trabalho de investigação e da redação desta tese e da minha vida em geral.

Nanis Gamal El-Din Allam, Prof. **Mohamed Labib Salem,** Faculdade de Ciências da Universidade de Tanta, pelo trabalho de apoio contínuo e investigação relacionada, instalações de investigação, paciência, motivação e imenso conhecimento.

Os meus sinceros agradecimentos vão também para o **Prof. Dr. Hassan Elbatae**, Hepatologia, Medicina das Doenças Tropicais e Reitor da Faculdade de Medicina da Universidade de Kafr Elsheikh, que me deu a oportunidade de me juntar à sua prestável equipa e que me deu acesso ao laboratório e às instalações de investigação para a recolha de amostras. Sem o seu precioso apoio, não seria possível realizar esta investigação. Gostaria de agradecer aos meus colegas de laboratório pelas discussões estimulantes, pela ajuda que me deram quando estávamos a trabalhar juntos antes dos prazos e por toda a diversão que tivemos nos últimos três anos.

Maii Moustafa Nabieh

ÍNDICE DE CONTEÚDOS:

Prefácio

Os probióticos foram definidos como "microrganismos vivos que conferem um benefício para a saúde do hospedeiro quando os doentes os tomam numa determinada dose. O cientista russo do século XIX Ilya Ilyich Mechnikov estava interessado em identificar os probióticos e os seus possíveis benefícios. Mais tarde, no século XX, estes microrganismos foram designados por probióticos, que significa "para a vida" em grego. Os probióticos são as bactérias saudáveis que residem naturalmente no intestino, onde promovem a imunidade e a digestão. Em 1935, a bebida japonesa Yakult tornou-se o primeiro produto probiótico lançado comercialmente. Muito mais tarde, em 2006, houve uma explosão de produtos contendo probióticos e há necessidade de ter suplementos naturais de apoio que aumentem a taxa de resposta ao tratamento de diferentes tratamentos para diferentes doenças, ao mesmo tempo que se tornam mais eficazes e também reduzem os efeitos secundários. Os probióticos funcionam como um suplemento natural forte e mais barato que é muito benéfico para aqueles com hepatite C e outros pacientes, os probióticos destinam-se a ser utilizados como medicamentos, estes também são considerados como produtos biológicos e os regulamentos da FDA de produtos biológicos também serão aplicados aos probióticos, embora seja permitido o seu uso como suplementos dietéticos.

O trato gastrointestinal humano contém em média 1014 microrganismos/ml de conteúdo luminal e apresenta mais de 5000 espécies bacterianas. As bactérias lácticas probióticas, como os lactobacilos e *as bifidobacterium* spp. são úteis no tratamento de perturbações dos microrganismos intestinais e do aumento da permeabilidade intestinal, que são características de muitas doenças intestinais.

Os mecanismos da atividade antibacteriana das estirpes probióticas de Lactobacillus parecem ser multifactoriais. Em particular, ao produzirem metabolitos como o ácido acético e o ácido lático, baixando assim o pH, as estirpes de Lactobacillus inibem o crescimento de agentes patogénicos bacterianos, compostos antimicrobianos incluindo ácidos orgânicos, peróxido de hidrogénio, diacetilo e bacteriocinas.

Lactobacilli e *Bifidobacterium* spp. In vitro, demonstrou atividade antagonista contra agentes causadores de doenças comuns como *Staphylcoccus aureus, Salmonella typhimurium, enteropathogeni* e *Escherichia coli.* Atualmente, as espécies mais frequentemente investigadas são *Lactobacillus* e *Bifidobacterium* spp.

A eficácia de estirpes seleccionadas de *Lactobacillus* utilizadas como probióticos para prevenir as bactérias infecciosas e tratar a diarreia viral, a gastroenterite por Helicobacter pylori, a disfunção intestinal e os distúrbios do cólon, bem como os microrganismos intestinais alterados, a barreira da mucosa intestinal prejudicada e as infecções, foi demonstrada em estudos experimentais in vitro e in vivo bem concebidos, tendo sido mencionada em pormenor no capítulo (1).

As estimativas mais recentes da incidência do vírus da hepatite C (VHC) revelam mais de 185 milhões de infecções em todo o mundo, sendo uma causa grave de patogénese da doença hepática que inclui hepatite crónica, fibrose, cirrose, cancro hepatocelular, insuficiência hepática e morte. Atualmente, não existe uma vacina eficaz contra a infeção pelo VHC.

As bactérias patogénicas mais comuns em doentes com hepatite C crónica, que eram infecções bacterianas secundárias, são as espécies *E. coli*, *Klebsiella* e Enterobacteriaceae, mas tem havido um aumento recente no aparecimento de bactérias gram-positivas, incluindo *Staphylococcus Aureus* resistente à meticilina, o que aumentou a gravidade da infeção pelo VHC.

No entanto, reduzir a gravidade da infeção por hepatite C é um dos interesses mais recentes dos cientistas e encontrar uma nova estratégia de tratamento que funcione na destruição da estrutura da partícula viral e do seu processo de replicação. Historicamente, a terapia medicamentosa do VHC tem dependido do interferão-a (administrado por injeção) e da ribavirina durante muitos meses, estando associada a efeitos secundários graves. A primeira geração de novos antivirais de ação direta (DAA) foi administrada em combinação com o interferão e a ribavirina, aumentando assim o peso dos efeitos secundários em cerca de 4%; dores de cabeça, 46%; mialgia, 40%; neutropenia, 5%; hemoglobina inferior a 86 g/L, cerca de 3%), com maior incidência de depressão mas menor incidência de erupção cutânea associada ao PegIFN-a-2bv, terapias AAD de segunda geração com cursos mais curtos, com taxas de cura superiores a 90% na Fase II ou III e incluindo maior especificidade e eficácia, Os inibidores da polimerase NS5B, NS5B são uma RNA polimerase dependente de RNA (RdRp) no complexo de replicação do HCV que catalisa a síntese de RNAs virais de cadeia positiva e negativa. Tratamento com sofosbuvir, Peg IFN-a e RBV durante 12 semanas 8 mas estas opções continuam a ser limitadas pelo aparecimento de mutações de resistência, o capítulo (2) explica-o em pormenor.

No entanto, foi relatado um aumento das actividades das defesas imunitárias inatas dos animais e dos seres humanos (fagocitose, atividade das células NK) e também das respostas imunitárias adaptativas, como a síntese de IgG e IgA, após a ingestão de BAL específicas.

A modulação da função imunitária pelos probióticos tornou-se um tema quente nos últimos anos, *os lactobacilos* e *as bifidobactérias* aumentaram o nível de expressão (intensidade média de fluorescência; MFI) de CD69 nos subgrupos CD4+(Th) e CD3+ CD56+ (células NKT) e também aumentaram a produção de IL-1b, IL-6, IL-10,TNF-a e isto é apresentado no capítulo (4).

Os factores que afectam a eficácia da terapia antiviral do VHC dividem-se em duas categorias: virais e relacionados com o hospedeiro. A acumulação de lípidos neutros em gotículas de lípidos citosólicos nos hepatócitos foi definida como uma caraterística patológica da infeção pelo vírus da hepatite C.

A síntese de triacilgliceróis é catalisada pelas enzimas acil-CoA: diacilglicerol aciltransferase (DGAT), DGAT1 e DGAT2. A DGAT1 é uma enzima envolvida na síntese de triglicéridos e na maturação da LD luminal, tem como alvo o núcleo das LDs das gotículas lipídicas e liga-se ao NS5B na replicação ativa do VHC. A sua ausência ou inibição leva à inibição da montagem e produção viral, que são apresentadas no capítulo (3).

Em conclusão, os probióticos são suplementos microbianos vivos que afectam o hospedeiro de forma benéfica, melhorando o seu equilíbrio microbiano intestinal. Para além de melhorarem a saúde intestinal, o efeito antimicrobiano e o reforço do sistema imunitário, bem como os seus efeitos de redução do colesterol, existem provas valiosas do papel eficaz dos probióticos nos doentes com hepatite C crónica, que são apresentadas em pormenor nos capítulos 5, 6 e 7.

É uma honra para mim servir como editor deste livro que apresenta os probióticos como um suplemento médico valioso.

Maii Moustafa Nabieh,
Doutoramento em microbiologia e imunologia

CAPÍTULO 1

Probióticos

A palavra grega "probióticos", que significa "para a vida", foi a primeira palavra utilizada por Kollath e, posteriormente, foram utilizadas várias definições de probióticos, como a definição de Lilly e Stillwell **em** 1965, que descreve os probióticos como substâncias que promovem o crescimento e que são produzidas por microrganismos. Recentemente, a FAO/OMS definiu os probióticos como microrganismos vivos por via oral numa determinada quantidade e sob diferentes formas que melhoram a saúde humana. Recentemente, existem várias evidências que confirmam a importância médica dos probióticos contra várias doenças, quer diminuindo a duração da infeção, quer reduzindo a suscetibilidade aos agentes patogénicos.

Os probióticos mais comummente utilizados e que têm um papel terapêutico potencial incluem Lactobacillus, Escherichia, Bifidobacterium, Enterococcus, Bacillus e Streptococcus. Também Saccharomyces boulardii ich é a única estirpe fúngica. Assim, as diferentes estirpes têm diferentes benefícios, por exemplo, o lactobacillus casei que apoia o sistema imunitário e também melhora o movimento dos alimentos para o intestino. (A maioria das pessoas procura tratamentos naturais e terapias não medicamentosas para melhorar a sua saúde sem efeitos secundários, pelo que, nos últimos anos, o mercado foi inundado por probióticos em diferentes formas, desde iogurte, chocolate a pós e cápsulas. A indústria neste domínio cresceu, levando cientistas e médicos a estudar os probióticos como um suplemento eficaz para tratar várias doenças (Nagpal et al., 2012**).** Os probióticos funcionam de diferentes formas, o que despertou o interesse de cientistas e investigadores para descobrir o modo de ação e como funcionam? Assim, começaram pelos benefícios dos probióticos (Goel et al., 2014), como se segue:

- Produção de anticorpos virais e bacterianos que promovem o sistema imunitário contra várias doenças.
- Excretam substâncias que previnem os agentes patogénicos
- Combate as bactérias nocivas e impede-as de se fixarem e crescerem na parede intestinal.
- Reforçar o muco no intestino para funcionar como barreira e prevenir a infeção através do envio de sinais celulares.
- Destruir as substâncias tóxicas segregadas pelas bactérias nocivas para evitar ficar doente.
- Produção de vários nutrientes e vitaminas como B6, B12, que mantêm a saúde e evitam a anemia (Rossi et al., 2011).

Cada pessoa tem a sua própria composição de microrganismos probióticos que depende de vários factores como a dieta, a idade, os genes, os antibióticos e a vida socioeconómica. O principal papel dos probióticos é manter o equilíbrio das diferentes espécies de microrganismos. Os probióticos podem repovoar o intestino e compensar as deficiências decorrentes do envelhecimento, doenças, antibióticos e outras variáveis. O desequilíbrio leva a distúrbios gastrointestinais como inchaço, diarreia e obstipação.

O potencial papel terapêutico dos probióticos depende de: Dose, estirpe, idade e momento da administração e duração.

Os cientistas afirmaram que a diferença entre os níveis reais e os níveis declarados de probióticos entre os diferentes suplementos se deve a diversas variáveis, como as condições de armazenamento.

O quadro que se segue explica o mecanismo de ação dos probióticos no hospedeiro **(Ohland CL, 2010)**, tal como apresentado no Quadro 1.

Quadro 1: Vários mecanismos de ação dos probióticos nas células do intestino humano

Mode	Process	Mechanism	Examples
Barrier Function	Decreased apoptosis of epithelial cells	Decreased TNF-α production	*Lactobacillus rhamnosus* GG
	Increasing mucin production	Increased expression of MUC 2	*Lactobacillus* sp
Host cell Antimicrobial Peptides	Defensins (hBD protein)	Increased up regulation of Defensin	*E coli strain* DSM 17252S2
	Cathelcidins	By butyrate production	
Probiotic Antimicrobial Factors	Lowering the luminal pH	By secretion of SCFA's	Most of the probiotics bacteria
	Bacteriocin production	By Gram positive probiotics	
	Microcin production	By Gram negative probiotics	
Epithelial Adherence	By competing with pathogens	Directly or indirectly by producing protein that block adherence	
Immune Modulation	Blocking pro Inflammatory molecules	By attenuating IL-8 secretion or blocking the degradation of the counter-regulatory factor IκB	*Salmonella tyhimurium* VSL#3 probiotics
	Increasing mucosal immunity	Increasing IgA Production	*L. casei*
Interference with Quorum Sensing Signaling	Blocks the communication between pathogenic bacteria	By secreting molecules which blocks quorum sensing signaling	*L. acidophilus*

TNF-a: fator de necrose tumoral alfa, MUC2: Mucina2, hBD: subunidade delta da hemoglobina, SCFA: ácidos gordos de cadeia curta, il-8: interleucina 8, e ḳb: inibidor de kappa B.

Digestão dos probióticos

A sobrevivência das bactérias probióticas é necessária para exibir os seus efeitos benéficos durante o processo de fabrico de alimentos e em condições do ecossistema humano; por isso, é necessário estudar o comportamento bacteriano em condições que afectam o TGI (Koiozyn-Krajewska e Dolatowski, 2012). O stress dos microrganismos começa na boca, com a lisozima da saliva; continua no estômago, onde um pH entre 1,5 e 3,0; e continua no intestino superior, onde a bílis (Corzo e Gilliland, 1999) tolera a bílis e o ácido são duas propriedades principais que determinam a capacidade probiótica de sobreviver através do TGI, resistindo às condições ácidas no estômago e aos ácidos biliares no início do intestino delgado (Ridlon et al, 2014) para estimar a sobrevivência do probiótico no TGI, vários modelos de digestão foram desenvolvidos. Um deles é o sistema gástrico-intestinal delgado TIM-1 (Yoo e Chen, 2006) que inclui quatro câmaras em série que simulam o estômago e no intestino delgado há três segmentos: o duodeno, o jejuno e o íleo. Outro, o modelo TIM-2, é um modelo in vitro mais avançado de fermentação no intestino grosso (Macfarlane e Macfarlane, 2011). O simulador do ecossistema microbiano intestinal humano (SHIME) foi modificado para afetar todo o sistema gastrointestinal humano. O SHIME inclui uma série de cinco recipientes para controlo da temperatura e do pH para simular o estômago, o intestino delgado e o cólon ascendente, transverso e descendente, respetivamente.

Os principais problemas destes sistemas são o facto de os produtos da digestão não poderem ser removidos durante a incubação, além de um potencial efeito inibitório nas actividades enzimáticas e na sobrevivência dos probióticos. Além disso, estes sistemas negligenciam os processos físicos do TGI, como o processamento duodenal, a estrutura dos alimentos, a natureza temporal da digestão gástrica, o padrão de mistura e a redução do tamanho das partículas, que afectam a taxa de digestão. Uma das principais conclusões sobre os probióticos é que a maior parte dos efeitos são específicos da estirpe. Quando existe uma ligação entre uma estirpe e o seu efeito específico na saúde, é necessário efetuar estudos precisos (Huys et al., 2006). É muito necessário ser capaz de detetar específica e unicamente as estirpes probióticas específicas de BAL a partir de amostras de alimentos e de amostras clínicas de biópsia fecal e intestinal.

Identificação de probióticos

A identificação de espécies bacterianas tem sido efectuada principalmente através de métodos moleculares e aplicada a estirpes de probióticos comercializados (Massi et al., 2004). Existem 11 estirpes de Lactobacillus isoladas das fezes. Para isso, os investigadores identificaram as estirpes de Lactobacillus e examinaram-nas quanto à resistência à acidez gástrica e à toxicidade biliar, à adesão às células HT-29, às actividades antimicrobianas, à suscetibilidade aos antibióticos e ao perfil plasmídico (Phillips et al., 2006). Além disso, foi estudada a sobrevivência das estirpes à medida que se moviam através do intestino humano num ensaio de alimentação humana de 3 meses. De acordo com os resultados, o L. rhamnosus e o L. paracasei apresentam grandes propriedades específicas da estirpe para a sua utilização em alimentos. Tanto os estudos in vitro como in vivo confirmam a elevada capacidade de adesão de L. rhamnosus e L. paracasei (Xu et al., 2009) utilizados em combinação, indicando que as duas estirpes bacterianas podem ser utilizadas como bactérias promotoras de saúde.

Produção de probióticos para alimentos e medicamentos

É necessário para a produção de alimentos fermentados utilizando culturas de arranque que sejam seguras e com propriedades padrão. As funções das BAL são, em primeiro lugar, a) baixar o pH e inativar os agentes patogénicos como propriedades de segurança, b) ajustar as condições bioquímicas para obter as propriedades finais através de alterações das matérias-primas, e c) aumentar a estabilidade do produto e o prazo de validade através da inibição de modificações indesejadas que ocorreram devido a microrganismos de deterioração ou a reacções a antibióticos.

Na indústria alimentar, as estirpes de bactérias do ácido lático são normalmente utilizadas como culturas de arranque ou como bactérias do ácido lático não iniciadoras. Além disso, várias estirpes de BAL são utilizadas como culturas adjuvantes em géneros alimentícios e alimentos para animais (Anjum et al., 2014)

Os probióticos são suplementos alimentares microbianos que proporcionam benefícios para a saúde quando uma quantidade específica é administrada aos consumidores através da manutenção ou do reforço da sua flora microbiana intestinal (Nagpal et al., 2012). A Food and Drug Administration dos EUA utiliza vários nomes para os probióticos como processo de regulamentação (Sanders, 2008), os micróbios vivos utilizados em alimentos para animais são designados "micróbios de alimentação direta" e, quando utilizados como medicamentos para uso humano, são classificados como "bioterapêuticos vivos" (Sutton, 2008). Os probióticos são principalmente membros dos géneros Lactobacillus e Bifidobacterium e são residentes do ecossistema normalmente no trato gastrointestinal (TGI) dos seres humanos. A investigação de novas estirpes probióticas é importante para promover o pedido do mercado no sentido de obter produtos úteis como probióticos activos com melhores propriedades. A capacidade do LAB para aderir às células epiteliais e às superfícies da mucosa actua como uma propriedade importante de muitas estirpes bacterianas utilizadas como probióticos. A adesão celular é um contacto entre a membrana celular bacteriana e as superfícies em interação e, por conseguinte, um processo complexo.

Culturas de arranque funcionais com o objetivo de melhorar a qualidade do produto final. O consumo destes produtos aumentou na Europa e nos EUA como probióticos em alimentos com propriedades saudáveis. principalmente bactérias probióticas, Lactobacillus e Bifidobacterium, que proporcionam uma série de benefícios para a saúde do hospedeiro, como a produção de vitaminas (Rossi et al., 2011). Tem sido estimado como culturas de arranque funcionais em iogurte, queijo, salsicha seca, salame e massa fermentada. Além disso, as preparações terapêuticas estimam os seus efeitos positivos nas propriedades físico-químicas dos alimentos e o seu impacto na qualidade nutricional e no desempenho funcional da matéria-prima (Monteagudo-Mera et al., 2011).

O leite fermentado e os queijos foram descritos como os suportes probióticos mais adequados, porque promovem a tolerância ao trânsito das bactérias (Heller, 2001) Lactobacillus e Bifidobacterium com produtos lácteos toleram o stress ácido. Os lactobacilos (por exemplo, L. acidophilus, L. casei subsp. casei, L. gasseri, L. paracasei, L. reuteri e L. rhamnosus) e as bifidobactérias (por exemplo, Bifidobacterium adolescentis, B. bifidum, B. breve, B. infantis e B. longum) constituem uma proporção significativa das culturas probióticas de bactérias do ácido lático utilizadas na indústria dos lacticínios. Além disso, as culturas de arranque probióticas (Klingberg et al., 2005) precisam de ser testadas para a viabilidade da produção em grande escala no que diz respeito à acidificação, proteólise e formação de aroma. Devem conseguir isto sem perder a viabilidade e a funcionalidade ou criar um sabor ou textura desagradáveis.

A administração de probióticos derivados de bactérias deve ser separada dos antibióticos pelo menos 2 horas. Nem todos os probióticos são criados de forma igual e os benefícios são específicos da estirpe e da dose. Algumas fórmulas também contêm prebióticos. Embora o número de células necessárias para produzir benefícios terapêuticos não seja conhecido e possa variar em função da estirpe e do efeito desejado para a saúde, em geral é aceite um nível mínimo de mais de 10^6 bactérias probióticas viáveis por mililitro ou grama de produto alimentar.

Probióticos como produtos comerciais

Três estirpes probióticas comerciais (L. casei subsp. shirota, L. casei subsp. immunitas, L. acidophilus subsp. johnsonii) (Tamime et al., 2005) foram examinadas quanto à sua sobrevivência no TGI superior humano. Utilizaram um modelo gástrico dinâmico (DGM) de digestão seguido de incubação em condições duodenais.

As bactérias patogénicas do intestino delgado e grosso podem ser excluídas como um dos principais benefícios relacionados com as culturas bacterianas probióticas. Outro benefício é que, nos produtos alimentares, a atividade antimicrobiana pode contribuir para a melhoria da qualidade dos alimentos fermentados, através do prolongamento do prazo de validade e do controlo de bactérias patogénicas e de deterioração. Os probióticos estão disponíveis no mercado sob diferentes nomes comerciais e variam em diferentes doses e combinações. Os probióticos comerciais disponíveis no mercado, por exemplo, leite fermentado com produtos de elevada viscosidade (Bifisoft, Biologic bifidus, Gefilac), leite fermentado com produtos de baixa viscosidade (A- fil, Actimel, Biola), produtos lácteos não fermentados (Cefilus, God Halsa) e os microrganismos mais probióticos envolvidos nestes produtos são L. acidophilus, L. acidophilus LA45, B. *bifidum, L. rhamnosus* (Foligne et *al.,* 2013).

Prevê-se que os produtos probióticos venham a ser amplamente utilizados no futuro. *Lactobacillus* e *Bifidobacterium* são as espécies de bactérias do ácido lático (BAL) mais utilizadas comercialmente nos produtos probióticos e, entre estas (BAL), *Lactobacillus rhamnosus, Lactobacillus acidophilus, Bifidobacterium longum e Bifidobacterium bifidum* são principalmente utilizadas em alimentos funcionais que circulam nos mercados comerciais de todo o mundo, devido aos seus benefícios para o trato gastrointestinal e ao reforço da imunidade na saúde humana (Sul *et al*, 2007). A fim de monitorizar estas BAL em produtos probióticos comerciais, foi desenvolvido um método de PCR multiplex. Concebemos quatro pares de iniciadores específicos da espécie para PCR multiplex a partir dos genes 16S rRNA, 16S-23S rRNA intergenic spacer region e 23S rRNA.

Probióticos e saúde do fígado

Para além de melhorarem a saúde intestinal, têm um efeito antimicrobiano e reforçam o sistema imunitário (Nayak, 2010). Na saúde do fígado, os principais benefícios dos probióticos podem ocorrer através da prevenção da produção e/ou absorção de lipopolissacáridos no intestino, reduzindo assim os níveis de inflamação de baixo grau. A estimulação imunitária específica pelos probióticos através de processos que envolvem células dendríticas pode também ser benéfica para o estado imunológico do hospedeiro e ajudar a prevenir a translocação de agentes patogénicos (Parvez et al., 2006). Os probióticos parecem ter um papel na patogénese e progressão de várias doenças gastrointestinais e hepáticas. Este facto também abriu a porta para a modificação da flora intestinal numa tentativa de tratar ou prevenir essas doenças (Goel et al., 2014). O tratamento da doença diarreica, a redução do colesterol e dos lípidos (De Roos e Katan, 2000) por probióticos é outro papel vital para reduzir a gravidade da infeção pelo VHC, de acordo com o papel dos lípidos na infeção pelo VHC (Awaisheh et al., 2013).

Função de barreira

Os probióticos são capazes de influenciar muitos dos componentes da função de barreira epitelial (Ohland e Macnaughton, 2010), quer através da diminuição da apoptose das células intestinais, quer através do aumento da produção de mucina. O Lactobacillus rhamnosus GG foi capaz de prevenir a apoptose induzida por citocinas em modelos de células epiteliais intestinais (Pagnini et al., 2010) através da inibição do fator de necrose tumoral (TNF). Foi demonstrado que as espécies de Lactobacillus aumentam a expressão de mucina in vitro em células epiteliais intestinais humanas, bloqueando assim a invasão e a adesão de E. coli patogénica. O Lactobacillus rhamnosus GG demonstrou prevenir a inflamação (Fedorak e Madsen, 2004) e a morte celular programada das células epiteliais intestinais de revestimento e demonstrou exercer efeitos mitogénicos e melhorar a regeneração da mucosa.

Modulação imunitária

Foi demonstrado que várias espécies de lactobacilos induzem diferentes perfis de citocinas (Th1 ou Th2) em sistemas in vivo e in vitro, mantendo o equilíbrio entre a força da resposta do tipo Th2 (necessária para a síntese local de IgA secretora, importante para a indução de tolerância e para o controlo de reacções inflamatórias dependentes de Th1) e a resposta do tipo Th1/ (actividades antibacterianas, antivirais e antitumorais), o desenvolvimento e a maturação das células NKT da mucosa e sistémicas são controlados pelo microbiota intestinal comensal (Rask et al., 2013). Foi demonstrado que a L. caseih aumenta os níveis de IgA secretória total e específica do agente patogénico após a infeção em ratinhos, estimulando a mudança de classe de células B para IgA . Não foram produzidos anticorpos específicos contra L. casei, o que indica a não resposta do sistema imunitário intestinal a esta bactéria benéfica (Isolauri et al., 2001). Isto resultou num efeito anti-inflamatório que parece ser mediado pela inibição da via NF-κ B.

As bactérias probióticas activam diferencialmente as células dendríticas (DC) in vitro. O fenótipo de DC "semimatura" induzido por bactérias probióticas, caracterizado pela expressão de níveis elevados de marcadores de maturação e IL-10, mas não pela produção de IL-12, pode estar envolvido na indução de células T $CD4^+$ reguladoras (Ng et al., 2010).

Interferência com a sinalização quorum sensing As bactérias comunicam entre si e com o ambiente circundante através de moléculas de sinalização química chamadas auto-indutores. Este fenómeno é designado por deteção do quórum (Yan e Polk, 2011). A utilização deste mecanismo de sinalização célula a célula facilita a regulação de características importantes dos micróbios entéricos que lhes permitem colonizar com êxito e/ou iniciar uma infeção no seu hospedeiro. O Lactobacillus acidophilus segrega uma molécula que inibe a sinalização de quorum sensing (Buck et al., 2009) ou interage diretamente com a transcrição bacteriana do gene E. coli O157, envolvido na colonização, opondo-se assim à toxicidade bacteriana.

Papel dos probióticos em várias doenças

A investigação sobre probióticos está a avançar em duas fases: estudos laboratoriais e ensaios clínicos para avaliar a segurança e a eficácia dos probióticos no tratamento e na prevenção de várias condições médicas (Singh et al., 2013). Existem provas da utilização de probióticos em várias doenças, através da revisão dos ensaios clínicos e da meta-análise dos ensaios clínicos (prevenção da diarreia associada a antibióticos (DAA), prevenção da infeção por Clostridium difficile (CDI), erradicação da Helicobacter pylori (Marteau, 2002), colite

ulcerosa, doença de Crohn, síndrome do intestino irritável, pancreatite aguda, enterocolite necrosante (NEC), síndrome de disfunção multiorgânica
(MODS), Alergia e resposta imunitária, Pneumonia Associada à Ventilação (PAV)).

Segurança dos probióticos

A escolha do probiótico depende do benefício para a saúde para o qual ele é necessário. O número de bactérias por dose (UFC) é importante, uma vez que o probiótico administrado será uma parte minúscula e transitória dos triliões de bactérias que já se encontram no intestino **(Sanders** et al., **2010)**. Os efeitos benéficos dos probióticos cessam em 2-4 semanas após a interrupção da administração. Isto deve-se ao facto de as bactérias probióticas permanecerem no nosso intestino apenas transitoriamente e não estabelecerem residência permanente. Frequentemente, os iogurtes não incluem nos seus rótulos os níveis de bactérias presentes no produto final, pelo que a única forma de saber se um iogurte contém uma quantidade suficiente do tipo certo de probióticos para ser benéfico é contactar o fabricante. Recomenda-se que os consumidores consultem o seu profissional de saúde antes de tomarem probióticos.

Voluntários saudáveis e controlo da segurança durante os ensaios clínicos: Existe uma quantidade bastante grande de dados de ensaios clínicos de curta duração em voluntários saudáveis para testar a segurança dos probióticos (**Borriello** et al., **2003**). Na maioria dos estudos, é apenas mencionado que o probiótico não induziu mais efeitos secundários do que o placebo ou que a sua tolerância foi excelente. Em alguns estudos, a presença (ou ausência) de perturbações gastrointestinais foi especialmente estudada, o que parece racional, uma vez que o primeiro e provavelmente único contacto entre os probióticos e o hospedeiro ocorre no trato gastrointestinal. Em alguns estudos, os parâmetros biológicos foram analisados porque se pensou que o probiótico poderia influenciá-los. Não foi registado qualquer efeito secundário imunológico de um probiótico no homem.

A longa história de utilização de vários probióticos sem risco estabelecido continua a ser a melhor prova da sua segurança **(Donohue, 2006)**. Os estudos de **Saxelin** et al. **(1996)** constituem um excelente exemplo de vigilância epidemiológica.

translocação de probióticos através da mucosa intestinal. Em segundo lugar, os probióticos apresentam o risco teórico de transferência de genes de resistência a antibióticos para bactérias patogénicas. Muitas estirpes de Lactobacillus são naturalmente resistentes à vancomicina, o que suscita preocupações quanto à possível transferência dessa resistência para organismos mais patogénicos, particularmente enterococos e Staphylococcus aureus. No entanto, os genes de resistência à vancomicina de Lactobacillus spp. são cromossómicos e, por conseguinte, não são facilmente transferíveis para outras espécies.

Os probióticos devem normalmente conter vários milhares de milhões de microrganismos para aumentar a probabilidade de ocorrer uma colonização intestinal adequada. Os probióticos são geralmente considerados seguros e bem tolerados, sendo mais frequente a ocorrência de inchaço e flatulência. Devem ser utilizados com precaução em doentes em estado crítico ou gravemente imunocomprometidos ou em doentes com cateteres venosos centrais, uma vez que raramente podem ocorrer infecções sistémicas (Williams, 2010).

Probióticos e perfil lipídico

L.acidophillus e B.befidum reduzem o perfil lipídico através da diminuição do nível de colesterol, o iogurte probiótico melhorou as concentrações de colesterol total e de colesterol LDL em pessoas diabéticas de tipo 2 e pode contribuir para a melhoria dos factores de risco de doenças cardiovasculares (Ejtahed et al., 2011). Foi relatado que os representantes do género Lactobacillus e Bifidobacteria podem ter um papel crítico na regulação do peso como um efeito anti-obesidade em modelos experimentais e humanos, o que pode ser relevante para estudos futuros e para a gestão da obesidade (Million et al., 2012).

CAPÍTULO 2

Infeção pelo vírus da hepatite C

O vírus da hepatite C é um membro da família Flaviviridae, um dos principais vírus humanos que infecta milhões de indivíduos em todo o mundo (Sy e Jamal, 2006; Dore et al., 2014) com impacto na progressão da gravidade (Figura 1). No Egipto, >10% da população geral e (29,8 milhões) na China, com a maior propagação do VHC (Shepard et al., 2005), de acordo com as diferenças na incidência passada do VHC e na prevalência atual do VHC. A transmissão do vírus da hepatite C tem sido fortemente associada ao uso de drogas intravenosas e percutâneas e de agulhas, transfusões de sangue, doentes em hemodiálise, tatuagens e o papel da atividade sexual na transmissão do VHC permanece pouco claro (Alter, 2011). Outro fator de gravidade da infeção pelo VHC são os sete genótipos da partícula do VHC com numerosos subtipos, podendo estes genótipos diferir até 30% uns dos outros na sequência de nucleótidos. Dependendo do genótipo do VHC, a duração do tratamento pode ser diferente. O genótipo 1b é menos reativo à terapêutica com interferão-alfa do que os genótipos 2 e 3. O genótipo 1 está dividido em subtipos (1a, 1b, 2a, 2b, 3a, 4a, 5a, 6a), sendo o genótipo 1b o predominante. O genótipo 3 é mais comum no subcontinente indiano, enquanto o genótipo 4 é o genótipo mais comum em África e no Médio Oriente. O genótipo 5 pode ser encontrado na África do Sul e o genótipo 6 pode ser encontrado no sudeste asiático (Ohno et al., 1997). A gravidade desta doença inclui a ausência de vacinas eficazes, uma vez que ainda não existe vacina para a hepatite C (Swadling et al., 2013).

Os mecanismos moleculares da infeção viral incluem factores virais e celulares que medeiam as interacções entre o vírus e o hospedeiro, como as ciclofilinas e as lipoproteínas, que são factores do hospedeiro que contribuem para a replicação viral e suportam o revestimento lipoproteico protetor circundante, que desempenha um papel fundamental na fuga do vírus às respostas imunitárias inatas e adaptativas. A gravidade da doença está principalmente relacionada com a imunidade humana e com a forma como esta funciona contra a infeção viral (Georgel et al., 2010), razão pela qual é necessário desenvolver vacinas ou imunoterapias contra o VHC.

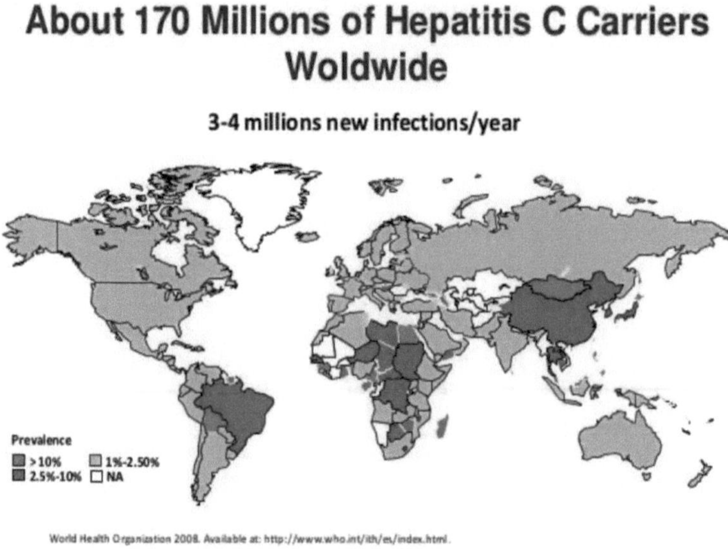

Figura 1: Epidemia global de VHC, Organização Mundial de Saúde, 2008.

Progressão e sintomas da infeção crónica pelo VHC

A infeção crónica pelo VHC é caracterizada por uma evolução lenta para cirrose hepática e cancro do fígado em todo o mundo (Georgel et al., 2010). A compreensão da progressão natural da infeção pelo VHC ainda está a evoluir (Figura 2). Se 100 pessoas forem infectadas com o VHC, estima-se que 75 a 85 ficarão com VHC crónico, 60 a 70 desenvolverão doença hepática, 5 a 20 desenvolverão cirrose e 1 a 5 morrerão de complicações da doença hepática, como cirrose ou cancro do fígado (Shrivastava et al., 2013).

Os cientistas estão a investigar mais sobre as razões que levam algumas pessoas a ter problemas mais ligeiros e outras a ter complicações graves. Alguns cientistas recomendam o rastreio semestral do cancro do fígado em doentes com infeção pelo VHC e cirrose, através de exames de ultra-sons abdominais e de uma análise ao sangue para deteção da alfa-fetoproteína como marcador do cancro do fígado (Forner et al., 2012). A eficácia deste rastreio não é clara.

O consumo de álcool e a aquisição de outros vírus da hepatite são factores de risco que conduzem a uma infeção grave pelo VHC. Por conseguinte, as pessoas que sofrem de infeção crónica por hepatite C devem evitar o álcool e tomar uma vacina contra os outros vírus da hepatite (A e B). O cancro do fígado (carcinoma hepatocelular) está associado à cirrose devida à infeção crónica pelo VHC.

Foi registado que cerca de 75% das pessoas não apresentam sintomas na fase inicial da infeção pelo VHC. Os restantes 25% podem queixar-se de fadiga, perda de apetite, dores musculares ou febre. A coloração amarela da pele ou dos olhos (iterícia) é rara nesta fase inicial da infeção. Com o tempo, as pessoas com infeção crónica podem começar a sentir os efeitos da inflamação persistente do fígado causada pela reação imunitária ao vírus (Craxi et *al.,* 2008). As análises ao sangue podem mostrar níveis elevados de enzimas hepáticas, um sinal de lesão hepática, que é frequentemente a primeira sugestão de que a infeção pode estar presente.

Os doentes podem ficar facilmente fatigados ou queixar-se de sintomas inespecíficos. À medida que a cirrose se desenvolve (Tsochatzis et al., 2014), os sintomas aumentam e podem incluir: fraqueza, perda de apetite, perda de peso, aumento dos seios nos homens, erupção cutânea nas palmas das mãos, dificuldade de coagulação do sangue e vasos sanguíneos semelhantes a aranhas na pele.

Nos doentes com cirrose avançada, o fígado começa a falhar. Trata-se de um problema que põe a vida em risco. A hipertensão portal também pode causar insuficiência renal (Gines e Schrier, 2009) ou um baço aumentado, resultando numa diminuição das células sanguíneas e no desenvolvimento de (anemia), ou no desenvolvimento de plaquetas baixas (trombocitopenia), que podem promover hemorragias. Na cirrose avançada (Czul et al., 2013), a insuficiência hepática provoca uma diminuição da produção de factores de coagulação. Os doentes com cirrose avançada desenvolvem frequentemente iterícia porque o fígado danificado é incapaz de eliminar um composto amarelo, chamado bilirrubina, que se forma a partir da hemoglobina dos glóbulos vermelhos velhos. Doenças fora do fígado associadas ao VHC (Kalaitzakis, 2014). A maioria dos sinais e sintomas da infeção pelo VHC relacionados com o fígado são menos comuns.

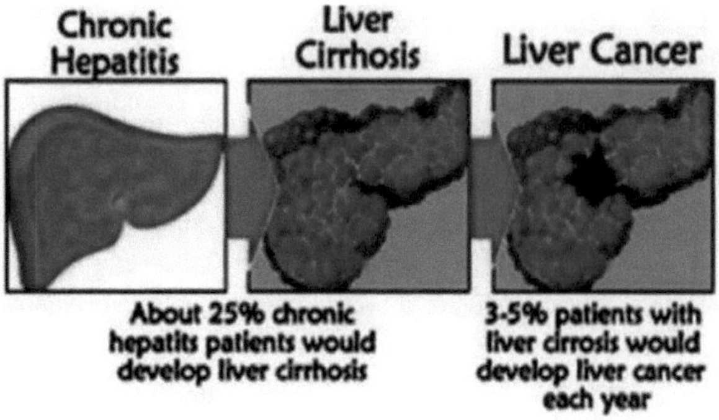

Figura 2: Progressão da doença pelo VHC.

Diagnóstico da infeção pelo VHC

Os testes serológicos e virológicos desempenham um papel importante no diagnóstico da infeção pelo VHC e fornecem informações precisas que ajudam a tomar a decisão correcta de tratamento, como a duração do tratamento e a dose de ribavirina. Subsequentemente, obtém-se uma elevada resposta viral às terapias anti-virais e uma óptima gestão da infeção pelo VHC (Ferreira-Gonzalez et al., 2004).

As ferramentas virológicas incluem ensaios serológicos e ensaios moleculares como a deteção de anticorpos anti-HCV e a determinação do genótipo do HCV e a quantificação do RNA do HCV.

Os testes de anticorpos anti-HCV e de ARN do VHC são utilizados para diagnosticar a hepatite C aguda, enquanto a presença de ARN do VHC na ausência de anticorpos anti-HCV é fortemente indicativa de infeção aguda pelo VHC e a hepatite C crónica é certa quando estão presentes tanto os anticorpos anti-HCV como o ARN do VHC (Chevaliez e Pawlotsky, 2006).

Bactérias patogénicas secundárias associadas à infeção crónica por hepatite C

A maioria dos casos de peritonite bacteriana espontânea (PBE) é causada por organismos entéricos gramnegativos, como Escherichia coli e Klebsiella pneumoniae (Ferreira et al., 2013). Os factores de risco para o desenvolvimento de PBE incluem proteína total do líquido ascético inferior a 1 g/dL, hemorragia gastrointestinal e história prévia de PBE (Caruntu e Benea, 2006).

As infecções em doentes com doença hepática em fase terminal (ESLD) (Cheruvattath e Balan, 2007) são uma causa importante de morbilidade e mortalidade nestes doentes. As anomalias nos seus mecanismos naturais de defesa, as alterações na flora entérica e a utilização crescente de procedimentos invasivos aumentam o risco de infecções nestes doentes.

As infecções bacterianas comuns nos doentes com ESLD incluem peritonite bacteriana espontânea, infecções do trato urinário, pneumonia adquirida na comunidade, infecções dermatológicas e bacteriemia. As infecções virais, como a gripe, podem ter um curso devastador nos doentes com ESLD.

As espécies Escherichia coli, Klebsiella e Enterobacteriaceae são os organismos mais frequentemente isolados. Nos últimos anos, a etiologia microbiana do SBP mudou devido à utilização crescente de procedimentos invasivos e à profilaxia com quinolonas (Garcia-Tsao, 2005). Em particular, estão a ser frequentemente isoladas bactérias Gram-negativas resistentes às quinolonas e bactérias Gram-positivas multi-resistentes.

As infecções bacterianas mais comuns em doentes com hepatite C crónica são as espécies E. coli, Klebsiella e Enterobacteriaceae, mas tem havido um aumento recente no aparecimento de bactérias gram-positivas, incluindo Staphylococcus aureus resistente à meticilina (Jalan et al., 2014).

As doenças dermatológicas associadas à infeção crónica pela hepatite C incluem o líquen plano (LP), que é uma doença papuloescamosa pruriginosa (**Arrieta** et al.**, 2000**; **Campisi** et al.**, 2004**) que envolve a pele, o couro cabeludo, as unhas, a mucosa oral e os órgãos genitais. Outras afecções cutâneas, como a seborreia, a dermatite atópica e a dermatite de contacto; estas afecções cutâneas apresentam descamação, eritema e prurido. O envolvimento da gengiva, dos lábios e da língua pode ser uma doença pré-maligna crónica **(Carbone** et al.**, 2009).**

Terapêuticas da infeção pelo VHC

A terapia padrão para o VHC era o interferão peguilado (PEG-INF) com ribavirina (Ghaffar et al., 2009). As evidências mostraram que a terapia com IFN peguilado e RBV tem efeitos secundários graves (Mac Nicholas e Norris, 2010), como perturbações hematológicas, enquanto a terapia do VHC não era adequada para pessoas que sofriam de cirrose grave relacionada com o VHC, submetidas a transplante de órgãos e crianças com idade inferior a 3 anos.

O interferão provoca efeitos secundários graves (Kowdley, 2005), incluindo ansiedade, irritabilidade, alterações da personalidade, suicídio, depressão ou psicose aguda. Os efeitos secundários da ribavirina incluem anemia, disfunção renal da artéria coronária, anomalias fetais e mortalidade.

Atualmente, está a ser investigada uma nova estratégia terapêutica, como sistemas relacionados com o interferão, formatos alterados de ribavirina, inibidores do local de entrada no ribossoma interno (IRES do VHC), inibidores da NS3 e da NS5a, inibidores da NS5B (Sovaldi), novos imunomoduladores e terapia antivírica especificamente orientada para os compostos da hepatite C (Farnik e Zeuzem, 2012).

As terapias mais renovadas incluem o tratamento com anticorpos, agentes anti-fibróticos, inibidores da caspase e vacinas.

Recentemente, um novo medicamento chamado VIEKIRA PAKTM (EUA) Qurevo (Egipto) (Zhang et al., 2015) será tomado por via oral e sem necessidade de interferão. O Qurevo será o primeiro medicamento no mercado para a hepatite C que não necessita de quaisquer outros medicamentos de acompanhamento. Trata-se de uma combinação de (ombitasvir, paritaprevir e ritonavir comprimidos; dasabuvir comprimidos). As taxas de cura são de até 100% para o quarto tipo genético (Qurevo no Egipto 3000 le).

Cada um dos antivíricos de ação direta do Qurevo tem um mecanismo de ação distinto que funciona em conjunto para atacar o vírus em três fases distintas do ciclo de vida da doença, inibindo a reprodução do vírus. O Qurevo inibe a NS3/4A, a NS5A e a NS5B (inibidor da polimerase do ARN), como se mostra na Figura 3.

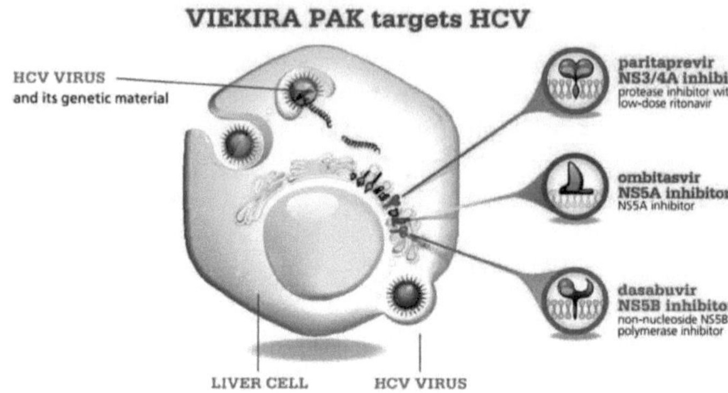

Figura 3: O modo de ação do mais recente tratamento para o VHC, Qurevo.

Devido ao seu elevado preço e aos seus efeitos secundários, era necessário obter medicamentos naturais, seguros, fáceis e mais baratos. Os medicamentos à base de plantas (laccase, Rhodiola kirilowii, proanthocyandin) também estão a ser utilizados como naturais, mas ainda não há nenhum registo significativo (Munir et al., 2010).

A evolução de tais estratégias depende da compreensão pormenorizada da virologia molecular da infeção pelo VHC. A topologia das proteínas estruturais e não-estruturais do VHC na membrana do retículo endoplasmático (RE) é ilustrada (Burlone e Budkowska, 2009).

A replicação do RNA do HCV ocorre numa modificação específica da membrana, a formação da membranous web (MW). Tradução mediada por IRES e processamento de poliproteínas como replicação de RNA.

Correlação entre a estrutura do genoma da hepatite C e o modo de ação das terapias contra o VHC

O reconhecimento da estrutura do genoma da hepatite C serve de guia para o desenvolvimento de novas estratégias de tratamento eficaz da infeção pelo VHC, ao mesmo tempo que explica o modo de ação das terapias actuais, como mostra a figura 4, que ilustra a estrutura do genoma do VHC, a proteína central que forma o nucleocápside viral e numerosas proteínas celulares que interagem entre si para afetar as funções das células hospedeiras, como a transcrição de genes, o metabolismo lipídico e a apoptose.

A maioria das terapias contra o VHC actua numa parte específica do ciclo de vida do vírus ou numa parte particular da estrutura do genoma; de acordo com o modo de ação destas terapias e com as experiências clínicas, era necessário efetuar mais pesquisas para desenvolver as actuais terapias de tratamento e explorar novas estratégias de tratamento para evitar os efeitos secundários dos tratamentos anteriores.

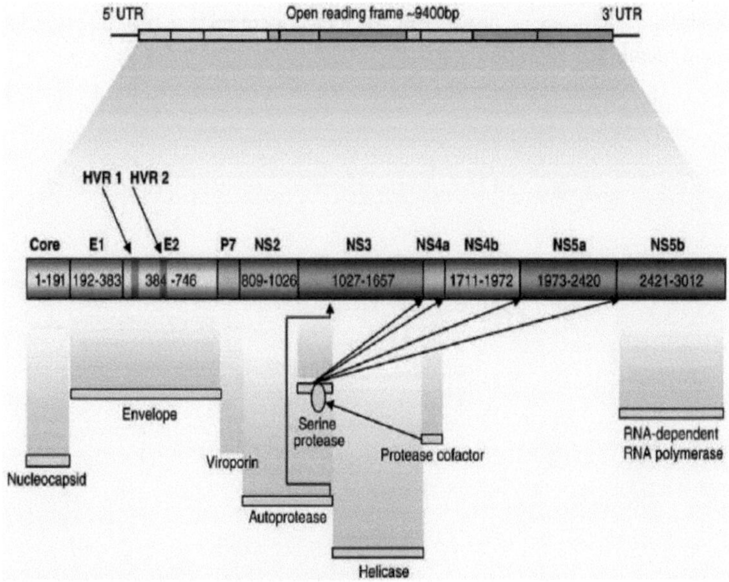

Figura 4: estrutura do genoma da hepatite C.

E1, E2 (glicoproteínas do envelope que representam os blocos de construção do envelope viral), ARFP (alternative reading frame protein) ou proteína F (frame shift) e compreende até 160 aminoácidos. A proteína ARFP/F é desnecessária para a replicação do ARN do VHC, a p7 é um polipéptido de 63 aminoácidos existente entre a região estrutural e não estrutural, proteínas não estruturais (NS2-3, NS3-4A, NS4B, NS5A que têm um papel regulador na replicação viral através da fosforilação da NS5A que proporciona uma eficiência de replicação impressionante, NS5B) As proteínas NS medeiam as fases intracelulares do ciclo de vida do vírus, incluindo a replicação do ARN, a destruição da defesa antiviral inata e a composição das partículas do vírus (Brass et al., 2006).

Além disso, o inibidor nucleótido da polimerase NS5B do vírus da hepatite C (VHC) (Sofosbuvir (Sovaldi(®)) , o tratamento sem Interferão mas com sofosbuvir mais ribavirina alcançou elevadas taxas de resposta virológica sustentada (RVS) no tratamento da infeção pelo genótipo 2 ou 3 do VHC, que se caracterizou por uma atividade antiviral pan-genotípica e uma elevada resistência (Zeuzem et al., 2014).

Terapias DAA de segunda geração com cursos mais curtos, com taxas de cura superiores a 90% na Fase II ou III, que proporcionam mais especificidade e eficácia, menos efeitos secundários e a probabilidade de administração oral Inibidores da polimerase NS5B (Liang e Ghany, 2013), NS5B são uma RNA polimerase dependente de RNA (RdRp) no composto de replicação do HCV que estimula a síntese de RNAs virais de cadeia positiva e negativa. Tratamento com sofosbuvir, PegIFN-α e RBV por 12 semanas (Zeng et al., 2013), mas essas opções ainda são limitadas pelo desenvolvimento de mutações.

A entrada celular da pseudo-partícula infecciosa do VHC é dependente do pH e está ligada, em primeiro lugar, aos hepatócitos humanos e às linhas celulares derivadas de hepatócitos.

Assim, a entrada do VHC exige provavelmente a passagem por um pH endossómico baixo e a fusão com a membrana endossómica.

CAPÍTULO 3

Papel do colesterol e de outros lípidos na infeção pelo VHC

As gotículas lipídicas desempenham um papel importante no ciclo de vida do vírus da hepatite C. Estes hepatócitos são dirigidos pela proteína do núcleo viral que altera o invólucro do capsídeo.

O domínio C-terminal da proteína é necessário para que o núcleo se ligue às gotículas lipídicas. Nas células infectadas, a existência do núcleo nas gotículas lipídicas gera locais que contêm ARN viral e proteínas não estruturais incorporadas na replicação. Estes locais podem constituir loci para a iniciação e produção de viriões (Nevo-Yassaf et al., 2012).

Os factores que afectam a eficácia da terapia antivírica do VHC dividem-se em duas divisões: virais e relacionados com o hospedeiro. A maioria observou uma caraterística patológica da infeção pelo vírus da hepatite C, a acumulação de lípidos neutros em gotículas de lípidos citosólicos nos hepatócitos (McLauchlan, 2009).

As gotículas lipídicas hepáticas são constituídas por triglicéridos (TG) que são empacotados em lipoproteínas rodeadas por uma monocamada de proteínas, colesterol, fosfolípidos e anfipáticos para fornecer lípidos resultantes ou retirados do fígado e do intestino, respetivamente, em diferentes órgãos. A corporação lipoproteica da partícula de vírus foi examinada tanto a partir de partículas derivadas de células hepáticas como de soro humano (Itabe, 2010).

O VHC desloca-se no sangue ligado a lipoproteínas. A infeção pelo VHC está relacionada com o desenvolvimento da lipogénese (Siagris et al., 2006). As pesquisas detectaram que a replicação do VHC tem lugar em domínios ricos em colesterol no interior da célula como parte do composto de replicação do VHC. A inibição da via de síntese do colesterol através da inibição do passo limitador da taxa 3-hidroxi-metilglutaril CoA redutase destruiu totalmente o processo de replicação do VHC (Koike et al. 2010; Moriishi e Matsuura, 2012).

Papel da Diacilglicerol aciltransferase-1 (DGAT1)

Os triacilgliceróis (TAGs), e outros derivados do glicerol, são uma classe de lípidos neutros que se consideram a forma mais importante de armazenamento de energia para as células eucarióticas. Em algumas espécies de plantas, os principais lípidos acumulados são os TAG nas sementes em crescimento, nos frutos, nas pétalas e nos grãos de pólen. A formação de TAGs é processada por enzimas no interior do retículo endoplasmático (RE). A acumulação de TAGs é feita sob a forma de gotículas de óleo ou de quaisquer corpos de armazenamento de óleo no citoplasma, que se formam como brotamento da membrana externa do RE.

Uma parte da síntese de TAG é efectuada por enzimas da via de Kennedy, que transferem sequencialmente cadeias de acilo dos acil-CoAs para as posições sn-1, -2 e -3 dos cálculos básicos do glicerol. A DGAT (acil-CoA: diacilglicerol acil transferase) é uma enzima permeável que catalisa o passo final da biossíntese de TAG (Liu et al., 2012), catalisando a acilação do sn-1,2-diacilglicerol (DAG) na posição sn-3 usando um substrato de acil-CoA O TAG também pode ser gerado por uma via independente de acil-CoA. Enquanto que a enzima fosfolípido: diacilglicerol aciltransferase (PDAT), fiável para a síntese de TAG, na presença de fosfatidilcolina (PC) como fonte de acilo, na qual um grupo acilo é transferido da posição sn-2 da PC para a posição sn-3 do DAG, produz TAG e sn-1 liso-PC. Foram detectados vários tipos de enzimas DGAT em diferentes espécies. A DGAT1 e a DGAT2 são as duas principais enzimas envolvidas na síntese de TAG na maior parte dos organismos (Farese et la., 2000). Em muitos organismos eucariotas, a DGAT1 está estruturalmente ligada às ACAT, com variações na sua sequência de aminoácidos que lhe conferem especificidade de substrato para o DAG. Ambas as enzimas pertencem a uma grande família de O-aciltransferases ligadas à membrana (MBOAT).

Curiosamente, não existe qualquer semelhança entre as enzimas DGAT1 e DGAT2 na sequência do ADN ou da proteína. Além disso, a proteína DGAT1 é maior do que a DGAT2 e tem domínios transmembranares, enquanto a DGAT2 tem apenas um ou dois. Além disso, foi sugerido que a DGAT1 e a DGAT2 não têm papéis vitais em diferentes tecidos e espécies na síntese de TAG. Os genes DGAT1 e DGAT2 foram detectados em diferentes organismos eucarióticos (Turchetto-Zolet et al., 2011). Embora muitos estudos tenham relacionado as famílias de genes DGAT1 e DGAT2, que confirmam o papel vital destas enzimas na acumulação de triacilglicerol. Pouco se sabe sobre as suas origens de desenvolvimento em eucariotas, para além dos vertebrados.

Apesar de as duas enzimas serem diferentes em termos de sequências proteicas, ambas facilitam a ligação de um sn-1,2-diacilglicerol a uma acil CoA gorda para formar um triacilglicerol ou triglicérido. Em ensaios in vitro, ambas as enzimas podem utilizar uma variedade de substratos de acil CoA gordo, embora a DGAT1 represente uma preferência pelo monoinsaturado oleoil CoA em detrimento do saturado palmitoil CoA.5 Nas células, estas reacções ocorrem em primeiro lugar no retículo endoplasmático.

Os triglicéridos sintetizados pelas enzimas DGAT são depois armazenados em gotículas lipídicas citosólicas ou, em alguns órgãos como o fígado e o intestino delgado, segregados como lipoproteínas. Ambas as enzimas DGAT são amplamente expressas em tecidos tipicamente relacionados com o metabolismo dos triglicéridos. Por exemplo, a DGAT1 humana tem uma expressão elevada no tecido adiposo, no intestino delgado e no fígado, e a DGAT2 humana também tem uma expressão elevada no tecido adiposo e no fígado, como se mostra na Figura 5.

Há vários anos, a inibição farmacológica da acil coenzima A (CoA):diacilglicerol aciltransferase 1 (DGAT1) foi considerada como uma estratégia eficaz para inibir a síntese de triglicéridos. Resultados recentes de estudos com ratinhos sem DGAT1 que sugerem a inibição adequada da enzima para o tratamento da obesidade e da diabetes sem causar efeitos secundários, a deficiência de DGAT1 no TAB afecta a sua função endócrina, transplantámos o TAB de ratinhos Dgat1/ em ratinhos receptores de tipo selvagem e avaliámos os seus efeitos na eliminação da glicose e na resposta a uma dieta rica em gordura. Até à data (DeVita e Pinto, 2013), não foram registados vários compostos naturais que inibem a atividade da DGAT in vitro, mas nenhum estudo relatou os efeitos destes inibidores da DGAT no metabolismo da energia e da glicose. Além disso, embora não seja claro se estes compostos inibem especificamente a DGAT1 ou se também antagonizam as actividades da DGAT2, os inibidores da DGAT1 limitam a acumulação hepática de triglicéridos e podem provavelmente ser utilizados para tratar a esteatose hepática não alcoólica.

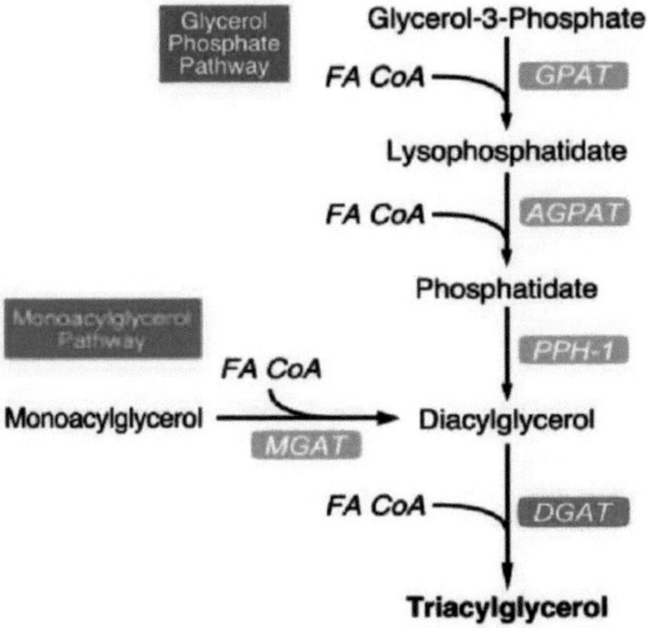

Figura 5: Síntese de triglicéridos e enzimas DGAT: Os triglicéridos (triacilgliceróis) são o produto final de uma via com várias etapas. A reação final é catalisada por uma das duas enzimas DGAT conhecidas, DGAT1 e DGAT2. GPAT indica glicerol-fosfato aciltransferase; AGPAT, acilglicerol-fosfato aciltransferase; PPH-1, ácido fosfatídico fosfohidrolase-1; MGAT, acil CoA:monoacilglicerol aciltransferase (Farese et la., 2000).

Papel da Diacilglicerol aciltransferase-1 (DGAT1) na infeção pelo VHC

A DGAT1, uma enzima envolvida na síntese de triglicéridos e na maturação da LD luminal, tem como alvo o núcleo das gotículas lipídicas (LDs). A DGAT1 actua como um fator celular principal para o núcleo do VHC e as proteínas NS5A (Camus et al., 2013).

A montagem do virião ocorre em LDs enriquecidos com núcleos, carregados com triglicéridos pela diacilglicerol aciltransferase-1 (DGAT1) (Herker et al., 2010) A proteína LD Tail interacting Protein of 47 kDa (TIP47) liga-se à NS5A associada ao RNA em complexos de replicação e mobiliza-a para estes LDs (Ploen et al., 2013). Entre as apolipoproteínas envolvidas na montagem e produção do VHC, a apoE desempenha um papel importante. A depleção da apoE apresenta um efeito mais dramático do que a apoB ou apoA1 na produção de HCVcc devido a um papel importante da apoE na montagem do HCV (Benga et al., 2010) A apoE interage com a NS5A durante a infeção pelo HCV (Lee et al., 2014). Uma vez que o NS5A é um componente do complexo de replicação do VHC, presume-se que leve o complexo de replicação para o LD.

A infeção pelo VHC é única na sua dependência e modificação do metabolismo dos lípidos e das lipoproteínas do hospedeiro, como se mostra na Figura 6. As interacções com estas vias contribuem para a patogénese da doença e é provável que desempenhem papéis importantes no desenvolvimento de vacinas e em considerações terapêuticas. Além disso, a inclusão de terapêuticas moduladoras dos lípidos juntamente com os AAD pode aumentar a sua eficácia. Uma vez que o número crescente de doentes recebeu medicamentos moduladores dos lípidos, era essencial compreender melhor as interacções vírus/hospedeiro que afectam o metabolismo dos lípidos e das lipoproteínas para informar e melhorar as opções de tratamento.

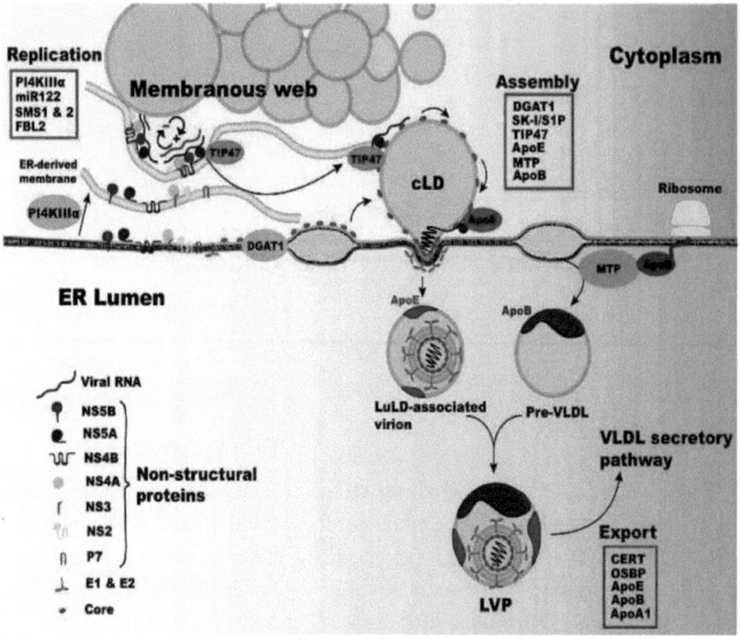

Figura 6: Interacções entre o genoma do VHC e os factores de regulação lipídica durante a replicação e montagem do VHC. Em conjunto com a PI4K-IIIa (Fosfatidilinositol 4-quinase III a), as proteínas virais induzem o rearranjo das membranas derivadas do retículo endoplasmático (RE), formando complexos de replicação do VHC em teias membranosas modificadas (MW) em associação com gotículas lipídicas citosólicas (cLD) (Romero-Brey et al., 2012).

CAPÍTULO 4

Respostas imunitárias contra a infeção pelo VHC

A eliminação espontânea da infeção pelo VHC é normalmente observada nos primeiros 6 meses de infeção, o que realça a necessidade de compreender os primeiros acontecimentos imunológicos. Os casos de eliminação tardia do VHC indicam que podem revelar vias para intervenções imunitárias terapêuticas (Bowen e Walker, 2005). Estas observações sugerem fortemente que o sistema imunitário pode prevenir a infeção crónica pelo VHC (Grakoui et al., 2003) e talvez até eliminar o VHC depois de a infeção crónica estar firmemente estabelecida.

Existem numerosas provas de que as células T desempenham um papel importante na modelação do resultado da infeção pelo VHC; a depleção de células T $CD4^+$ ou $CD8^+$ após uma infeção autolimitada pelo VHC e antes da reinfeção com o mesmo clone do VHC impediu a eliminação viral esperada (Shoukry et al., 2003). Evidências genéticas da importância das células T, com vários alelos de classe I e de classe II associados positiva e negativamente ao resultado da infeção pelo VHC, como alelos (B27 e B57) (Kim et al., 2011) polimorfismos de nucleótido único em alelos de classe II significativamente associados ao resultado natural da infeção, para além dos polimorfismos previamente descritos ligados à IL28B (Suppiah et al., 2011).

Existe uma associação atempada entre a indução de uma resposta das células T e o controlo da replicação viral, o controlo da viremia do VHC só é observado após o aparecimento de respostas funcionais das células T (Thimme et al., 2001).

A fase inicial começa com a exposição ao VHC e é caracterizada pelo rápido estabelecimento de títulos virais elevados no sangue, sem evidência bioquímica de danos no fígado e pela ausência de respostas imunitárias adaptativas por parte de células T ou anticorpos (Thimme et al., 2002). Claramente, o hospedeiro está a sentir a presença da replicação do VHC muito mais cedo, como indicado pela observação da expressão intra-hepática de genes estimulados por interferão e outros indicadores de uma resposta imune inata, tornando o atraso nas respostas adaptativas ainda mais intrigante (Rehermann e Nascimbeni, 2005). A segunda fase da infeção pelo VHC é iniciada pela indução da imunidade adaptativa, com a produção de anticorpos específicos do vírus e a rápida expansão das células T específicas do VHC, normalmente seguida de um aumento dos níveis de enzimas hepáticas que indica a destruição dos hepatócitos infectados. A fase seguinte dura cerca de 12 a 24 semanas após a infeção. Durante este período, o vírus é finalmente eliminado ou estabelece uma replicação persistente, normalmente em níveis elevados (Cox et al., 2005; McGovern e Birch, 2009). O início da quarta fase, às 24 semanas após a infeção, marca o fim da verdadeira fase aguda da infeção pelo VHC, a contração contínua da resposta das células T em paralelo com o aumento da expressão do recetor da interleucina 7 (Kasprowicz et al, 2010), um marcador de memória das células T, na infeção resolvida, as respostas imunitárias contra o VHC são também relativamente difíceis de detetar no sangue, especialmente na infeção persistente (Lauer et al., 2004), embora pelo menos as respostas das células T $CD8^+$ permaneçam facilmente detectáveis nos fígados infectados, como se mostra na Figura 7,

(Wong et al., 1998). Os indivíduos que resolvem a infeção pelo VHC apresentam espontaneamente essas respostas precocemente, independentemente do nível de replicação viral nesse momento. Em contraste, em indivíduos com infeção persistente, as respostas proliferativas das células T CD4+ estão praticamente ausentes, embora possam ser observadas em alguns indivíduos com controlo temporário completo do VHC. A inibição ou modulação dos sinais da resposta precoce das células T $CD4^{+}$ poderia influenciar outros ramos da resposta imunitária para além do momento em que estas células já desapareceram.

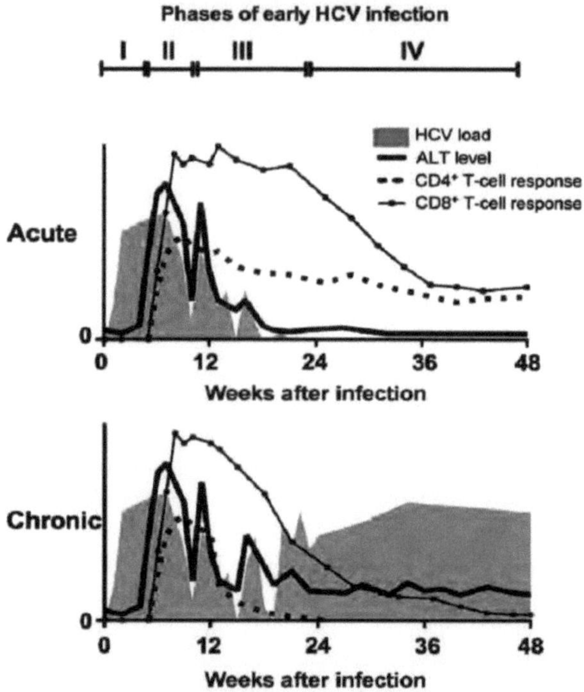

Figura 7: Nível de alanina transaminase [ALT] e carga do vírus da hepatite C [VHC] e parâmetros imunológicos (respostas das células T $CD4^{+}$ e $CD8^{+}$ específicas do VHC) durante a infeção precoce pelo VHC com uma evolução autolimitada (painel superior) ou crónica (painel inferior) (Lauer et al., 2004).

As células imunes inatas que responderam ao IFN-α, as células NK de pacientes com infeção crónica pelo VHC apresentam quantidades mais elevadas de STAT1 do que as de controlos saudáveis (Kanto e Hayashi, 2007). Este facto é acompanhado por um aumento da citotoxicidade das células NK e por uma diminuição da produção de IFN-g (Edlich et al., 2012). Com base num mecanismo descrito pela primeira vez em ratinhos infectados com o vírus da coriomeningite linfocítica (LCMV), isto reflecte uma assinatura IFN-α porque o aumento da expressão de STAT1 resulta na fosforilação preferencial de STAT1 em relação a STAT4 e num aumento da citotoxicidade das células NK dependente de pSTAT1 em relação à produção de IFN-y dependente de pSTAT4 (Miyagi et *al.,* 2007). A estimulação continuada da citotoxicidade das células NK mediada por IFN-α na ausência de depuração viral pode cumprir um papel imunoregulador em vez de um papel antiviral (Della Chiesa *et al.*, 2014). Consistente com o que foi relatado para a expressão intra-hepática de ISG, existe uma correlação negativa entre o estado de ativação pré-tratamento das células NK e o aumento relativo do seu estado de ativação durante a terapia baseada em IFN-a-, que prevê a resposta subsequente ao tratamento virológico (De Maria *et al.*, 2007).

As respostas imunitárias adaptativas, as respostas das células T $CD4^+$ são detectadas em doentes infectados de forma aguda que mais tarde desenvolvem hepatite crónica; estas células T sofrem uma exaustão rápida com perda sequencial da produção de IL-2, proliferação e produção de IFN-y (Gerlach *et al.,* 1999) e aumento da expressão dos receptores inibitórios domínio de imunoglobulina de células T e domínio de mucina 3 (TIM-3), morte programada 1 (PD-1) e antigénio 4 de linfócitos T citotóxicos (CTLA-4), (Bin *et al.*, 2012). Em particular, a expansão diferencial das células T CD161 hl $CCR6^+$ $CD26^+$ $CD4^+$ que expressam IL-17A e IL-21, juntamente com factores de transcrição específicos da linhagem de células Th17, parece estar correlacionada com o resultado da infeção (Miao *et al.*, 2013), como se mostra na Figura 8.

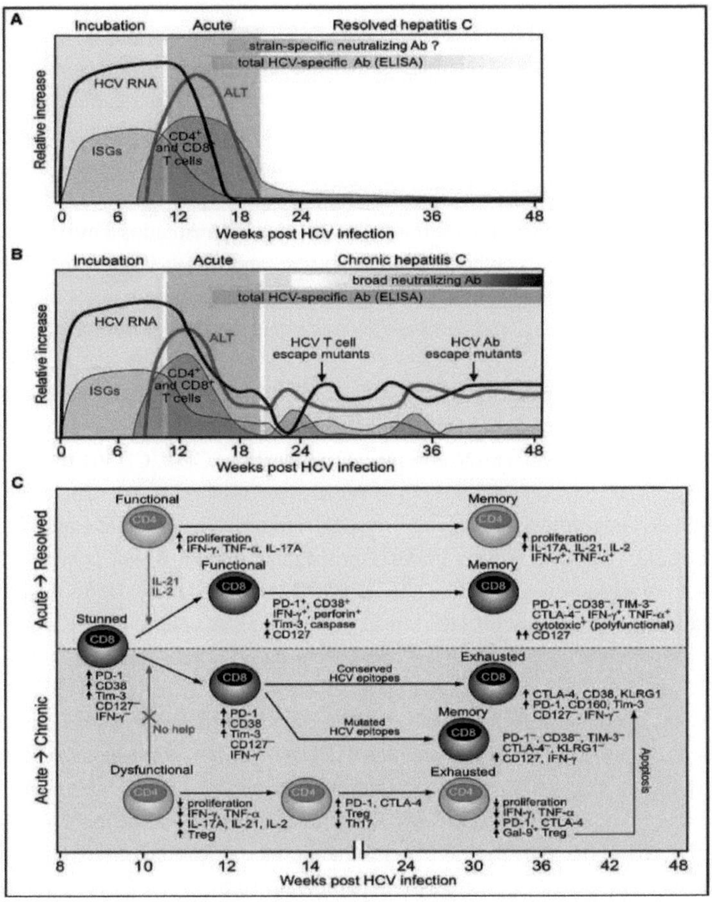

Figura 8: Evolução clínica, virológica e imunológica da infeção pelo VHC

(A) Hepatite C aguda seguida de recuperação clínica. A fase de incubação com títulos elevados de viremia e expressão de ISG ocorre durante as primeiras 8 semanas de infeção. A fase aguda é marcada por níveis elevados de alanina aminotransferase (ALT) e pelo aparecimento de anticorpos CD4 específicos do VHC, detectáveis por imunoensaio enzimático (ELISA) algumas semanas mais tarde, mas o impacto de títulos baixos de anticorpos neutralizantes específicos da estirpe é ainda controverso. Após a resolução espontânea da infeção aguda pelo VHC, as respostas das células T de memória específicas do VHC permanecem detectáveis durante décadas, enquanto os anticorpos desaparecem da circulação.

(B) Hepatite C aguda seguida de infeção crónica. Os títulos de ARN do VHC diminuem 2-3 log10 após a fase aguda da hepatite C e permanecem relativamente estáveis na fase crónica. A seleção dos mutantes de escape do VHC é principalmente conduzida pelas células T nas fases aguda e crónica inicial da infeção e pelo aumento dos títulos de anticorpos neutralizantes de alvo amplo na fase crónica. A intensidade do fundo sombreado indica o grau de inflamação intra-hepática nas diferentes fases da hepatite

(C) . Respostas imunitárias adaptativas associadas a resultados diferenciados da infeção aguda pelo VHC. Uma resposta forte e mantida das células T CD4+ parece ser um fator crítico para o resultado da infeção aguda pelo VHC. Na sua presença, as populações de células T CD8+ específicas do VHC com um fenótipo inicialmente "atordoado" adquirem múltiplas funções efectoras (em cima). Na ausência ou perda de uma resposta forte das células T CD4+, as células T CD8+ desenvolvem fenótipos exaustos, que são atribuídos à estimulação crónica específica do antigénio. As células T CD8+ que têm como alvo as variantes de escape do VHC permanecem funcionais com um fenótipo de memória na fase crónica da infeção Treg indica respostas das células T reguladoras+ e das células T CD8+ por volta das semanas 8 a 12.

Células assassinas naturais (NK) $CD3^-$ $CD56^+$, que são citotóxicas contra células infectadas por vírus. Uma experiência com células hepáticas contendo o replicão genómico do VHC demonstrou que a expansão enriquecida com células CD3 "CD56+ inibiu fortemente a replicação do VHC em comparação com as PBMC recém-isoladas. A estimulação adicional por impulsos de anticorpos monoclonais anti-CD3 induziu uma atividade anti-HCV mesmo nas células $CD3^+$ $CD56^+$ entre as PBMCs propagadas. Além disso, o ensaio citotóxico mostrou que a expansão das células CD3+ CD56+ e CD3 "CD56+ resultou numa citotoxicidade vigorosa contra o CHC. Subsequentemente, as células $CD56^+$ obtidas a partir de PBMCs mostram atividade anti-HCV para além da atividade anti-HCC (Doskali et al., 2011).

A investigação do mecanismo responsável pela atividade anti-VHC não citolítica mediada por células T $CD56^+$ mostrou que as células T $CD56^+$ T SN (sobrenadantes de culturas de células T) (Nielsen et al., 2012) activou os múltiplos elementos da via janus kinase/transdutor de sinal e ativador da transcrição (JAK/STAT) e aumentou a expressão dos factores reguladores de IFN (IRFs) 1, 3, 7, 8 e 9, resultando na indução da expressão endógena de IFN-alfa/beta nos hepatócitos. Além disso, o tratamento com $CD56^+$ T SN inibiu a expressão do micro RNA (miRNA) de suporte ao HCV -122 e aumentou os níveis de miRNA-196a anti-

HCV em hepatócitos humanos. Estes resultados fornecem provas directas in vitro a nível celular e molecular de que as células T $CD56^+$ podem ter um papel essencial na defesa mediada por células imunitárias inatas contra a infeção por HCV (Ye et al., 2009).

CAPÍTULO 5

Estudo de caso clínico

Material e métodos:

Doentes

Este estudo foi adotado em doentes selectivos (homens e mulheres) com VHC crónico que foram diagnosticados por um médico especialista que os seleccionou de acordo com uma idade média de 47±5 anos e com os seus resultados positivos do teste de antigénio do anticorpo do VHC e uma estimativa quantitativa por reação em cadeia da polimerase (PCR) que mostrou uma carga viral elevada. Os critérios de exclusão incluíam cirrose hepática, CHC, vírus da hepatite B (VHB), diabetes e/ou insuficiência renal. Os doentes foram recrutados na Unidade de Virologia do Hospital El-Obour, Kafr El-Sheikh, Egipto. Este estudo obteve uma carta de aprovação do comité de ética da Faculdade de Medicina da Universidade de Tanta, Egipto.

Estratégias de tratamento envolvidas no estudo

Neste estudo, foi utilizada uma combinação de Lactobacillus acidophilus e Bifidobacterium bifidum (1,5 mil milhões de células) sob a forma de cápsula (Phillips'® Colon Health, Bayer Health Care, EUA), cujos ingredientes incluíam amido de batata, gelatina e dióxido de silício (**Figura 9**).

Este estudo foi efectuado em três grupos de indivíduos e incluiu duas estratégias de tratamento de acordo com os doentes investigados. O primeiro grupo incluiu voluntários saudáveis (grupo A, 10 indivíduos) como controlos a quem foi administrada uma cápsula probiótica uma vez por dia durante um mês, tal como prescrito na embalagem. Ao segundo grupo de doentes crónicos com VHC foi administrada uma cápsula probiótica uma vez por dia durante um mês antes do tratamento com IFN-α e ribavirina (injeção única semanal durante 12 semanas) (grupo B, 20 doentes). O terceiro grupo incluiu doentes com VHC crónico tratados apenas com IFN-α e ribavirina (grupo C, 20 doentes). Os doentes foram acompanhados clinicamente durante o período de tempo da experiência.

Recolha de amostras

Foram recolhidas amostras de sangue e de urina dos grupos de doentes. As amostras de sangue foram recolhidas em EDTA e transferidas numa caixa de gelo para o laboratório da Faculdade de Ciências da Universidade de Tanta. No intervalo de tempo entre outubro de 2013 e abril de 2014. Foram recolhidas dez amostras, como se mostra na **Figura 10,** antes e depois da suplementação com probióticos (dia 1 e dia 30) de voluntários saudáveis como controlos (grupo A). Vinte amostras foram recolhidas antes e depois das estratégias de tratamento indicadas no dia 1, no dia 30 e no dia 120 nos doentes dos grupos B e C.

De acordo com o estudo experimental, foram colhidas amostras de sangue de 3-5 ml em EDTA, na forma de sangue fresco para estudar o efeito antiviral do probiótico como melhorador imunitário, na forma de plasma para deteção da enzima DGAT1, das enzimas hepáticas e do perfil lipídico (o jejum é importante para as medições do colesterol) em doentes com hepatite C crónica VHC. As amostras de urina foram recolhidas em recipientes esterilizados e colocadas numa caixa de gelo para serem transferidas para o laboratório para processamento.

Materiais e reagentes

Ágar nutriente (Manual Difico, 1977).

Formula g/ Liter

Peptone 5.00

Beef extract 3.00

NaCl 5.00

Agar 20.00

O pH foi ajustado para 5,0.

Coloração de Gram (Gram, 1884).

Reagentes: Violeta cristalino, solução de iodo de Gram, acetona/etanol (50:50 v: v), safranina a 0,1%.

Meios selectivos

Ágar-sal de manitol (Koch, 1942).

O ágar-sal de manitol é utilizado para o isolamento de estafilococos.

Princípio

Em concentrações elevadas, o Cloreto de Sódio inibe a maioria das bactérias, exceto os estafilococos. O vermelho de fenol é o indicador de pH. O ágar é o agente solidificador. As bactérias que crescem na presença de uma concentração elevada de sal e fermentam o manitol produzem produtos ácidos, transformando o indicador de pH Vermelho de Fenol de vermelho para amarelo. Os estafilococos patogénicos típicos fermentam o manitol e formam colónias amarelas com zonas amarelas.

Formula g/ Liter

Enzymatic Digest of Casein.................... 5

Enzymatic Digest of Animal Tissue...... 5

Beef Extract 1

D-Mannitol 10

Sodium Chloride.................................. 75

Phenol Red.. 0.025

Agar.. 15

pH final: 7,4 ± 0,2 a 25 °C.

Direcções

Suspender o meio num litro de água purificada. Aquecer com agitação frequente e ferver durante um minuto para dissolver completamente o meio. Autoclavar a 121 °C durante 15 minutos

. Ágar MacConky (MacConkey, 1905).

O ágar MacConkey é utilizado para o isolamento e a diferenciação de bacilos entéricos gram-negativos.

Princípio

A lactose é o hidrato de carbono fermentável. Durante a fermentação da lactose, uma queda local do pH em torno da colónia provoca uma mudança de cor no indicador de pH, Vermelho Neutro, e a precipitação da bílis. A mistura de sais biliares e o cristal violeta são os agentes selectivos, inibindo os cocos gram-positivos e permitindo o crescimento de organismos gram-negativos. O cloreto de sódio mantém o ambiente osmótico. O ágar é o agente solidificante.

Formula	**g/ Liter**
Enzymatic Digest of Gelatin	17
Enzymatic Digest of Casein......................	1.5
Enzymatic Digest of Animal Tissue.........	1.5
Lactose..	10
Bile Salts Mixture......................................	1.5
Sodium Chloride...	5
Neutral Red...	0.03
Crystal Violet	0.001
Agar...	13.5

Final pH: 7.1 ± 0.2 at 25□C.

Direcções

Suspender 50 g do meio num litro de água purificada. Aquecer com agitação frequente e ferver durante um minuto para dissolver completamente o meio. Autoclavar a 121 C durante 15 minutos.

Meio de cultura em ágar De Man Rogoza Sharp (MRS) (De Man *et al.*, 1960)

Formula	**g/Litre**
Proteose peptone	10, 00
Meat extract	8, 00
Yeast extract	4, 00
D(+)-Glucose	20, 00
Sodium acetate	5, 00

Triammonium citrate........................... 2, 00

Magnesium sulfate..................................0, 20

Manganese sulfate............................. 0, 05

Dipotassium phosphate 2, 00

Polysorbate 80................................... 1, 00
pH final: 6, 2 ± 0, 2 a 25°C.

Direcções

Suspender 52 g de pó em 1 L de água destilada. Aquecer até dissolver completamente e distribuir em recipientes adequados. Esterilizar em autoclave a 121°C durante 15 minutos. Não sobreaquecer.

. Ensaio quantitativo de PCR de ARN (Higuhi, 1992 e 1993)

Foi efectuada utilizando o kit Apparatus HCV RG RT-PCR (Qiagen GmbH, Qiagen Strasse, Alemanha) com um limite de deteção inferior de 34 UI/mL, instrumento automatizado (servidor HVD Auto Q).

Sistema VITEK 2 (Funk, 1998).

BioMerieux Inc., Hazelwood, MO Cassete VITEK 2 carregada com cartões e tubos de suspensão a ser carregada no sistema de transporte automático.

Teste de sensibilidade antibacteriana (Barry et al., **1979)**

Diferentes discos de antibióticos: Nitrofurantion **(F) (300µl),** Doxycyclin **(DA) (30 µl),** OFloxacin **(OFX) (5µl),** Nalidexic acid (NA) (30µl), Vancomycine (VA) (30µl), Tetracycline **(TE) (30µl),** Erythromycin **(E) (15µl),** Amplicilin sulbactam (SAM) **(10jil),** Imipenem **(IPM)** (10µl), Amicacina **(AK) (30µl)**, Clorafenicol **(C) (30µl)**, Ciprofloxacina **(CIP) (5jxl)**, Levofloxacina **(LEV) (10jxl)**, Piperacilina-tazobactam **(TPZ) (10µl)**, Sulfametoxazol **(SXT) (1.25µl)**, Cefuroxima **(CXM) (30µl)**, Cefataxima **(CTX) (30µl)**, Ácido amoxicilina calvulínico **(AMC) (30µl)**.

Sequenciação do gene 16srRNA (Stackebrandt **et al.**, 1992)

O kit de extração de gel QIAGEN (Sigma Scientific Services Co., Cairo, Egipto).

Anticorpos monoclonais $CD3^+$ e $CD56^+$ (Wallace H., 1953)

Anticorpos monoclonais (mAbs) $CD3^+$ e $CD56^+$ (BD Biosciences, San-Jose, CA, EUA) utilizados para a análise do imunofenótipo, tampão de lise ACK, solução de lise BD FACS para a lise das hemácias e solução tampão PBS (solução tampão fosfato) para a lavagem e suspensão. Para formaldeído (PFA) para fixação. Tampão de lise ACK: Dissolveram-se 8,29 g de NH_4 Cl (0,15 M) e 1 g de KHCO3 (10,0 mM) e 37,2 mg de Na2 EDTA (0,1 mM) em 800 ml de água destilada e ajustou-se o pH para 7,2 -7,4 com 1 N HCl, completando depois para um litro de H_2 O destilado, filtrou-se e esterilizou-se através de um filtro de 0,2 µm.

Foram utilizados tubos com EDTA como tubos anticoagulantes para a recolha de sangue, bem como placas de Petri esterilizadas e zaragatoas para a cultura bacteriana.

Determinação do perfil lipídico

Colesterol

Reagente de trabalho (WR) utilizado (SPINREACT): R1: (Tampão), tubos pH 6,9, fenol. R2: (Enzimas; colesterol esterase, colesterol oxidase, peroxidase, 4-aminofenazona).

Triglicéridos

Reagente de trabalho (WR) utilizado (SPINREACT): R1: (Tampão; pH: 7,5), R2: Enzimas; lipoproteinlipase, glicerolquinase, glicerol3-oxidase, peroxidase, 4 aminofenazona).

Alanina aminotransferase sérica (ALT) e aspartato aminotransferase sérica (AST) (Bruns **et al.**, 1981)

Reagentes (**ELITECH**) kinetic UV, tampão Tris: 125 m mol/l pH: 7,4, L-alanina ou aspartato: 680 m mol/l, LDH: 2000 U/L, NADH: 1,1 m mol/l, A-cetoglutarato: 97 m mol/l, método da Federação Internacional de Química Clínica e Medicina Laboratorial (IFCC) sem fosfato de piridoxal.

Diacilglicerol-O-Acil transferase 1 (DGAT1)

Enzyme-linked Immunosorbent Assay ELISA Kit para Diacylglycerol-O-Acyl transferase homolog 1 (DGAT1) espécie de organismo: **Homo sapiens (Humano).** Este ensaio tem uma elevada sensibilidade e uma excelente especificidade para a deteção de DGA T1.

Reagentes: padrão de deteção, reagente A de deteção, reagente B, diluentes de ensaio A, diluentes de ensaio B, solução de paragem, substrato TMB, tampão de lavagem (30*concentrado), vedante para diluentes padrão de 96 poços, placa de tiras de 96 poços pré-revestida e pronta a usar.

Métodos

Estimativa quantitativa da infeção pelo VHC

As amostras de sangue investigadas foram processadas para verificar a existência de materiais genéticos (ARN) como estimativa quantitativa da infeção pelo VHC. As amostras foram colhidas antes e depois do protocolo de tratamento e isto para o grupo B, bem como para o grupo C, apenas porque o grupo A (controlo saudável) apresentou um resultado negativo, enquanto 20 μL do ARN extraído foram adicionados a 30 μL de Master Mix em cada microtubo de 0,1 mL e o teste foi realizado num instrumento automatizado (servidor HVD Auto Q).

Foi desenhada automaticamente uma curva padrão com software, utilizando cinco concentrações padrão de quantificação de HCV-RNA para analisar a carga de ARN viral. Este teste foi efectuado no laboratório de virologia do hospital El-Obour, Kafr El-Sheikh.

Isolamento de bactérias de doentes com o vírus HCV crónico

O isolamento de bactérias das amostras de urina foi efectuado em ágar nutriente inoculado com 100 pl de cada amostra de urina e incubado a 37°C durante 18-24 horas. Em seguida, a investigação das bactérias isoladas foi efectuada através da reação de coloração de Gram para diferenciar entre bactérias gram positivas e gram negativas.

Coloração de Gram (Gram, 1884).

Princípio

Quando a bactéria é corada com o corante primário Crystal Violet e fixada pelo mordente, algumas bactérias conseguem reter o corante primário e outras são descoloridas pelo álcool. As paredes celulares das bactérias gram-positivas têm uma camada espessa de complexos proteína-açúcar chamada peptidoglicano e o conteúdo lipídico é baixo.

A descoloração da célula faz com que esta parede celular espessa se desidrate e encolha, o que fecha os poros da parede celular e impede que o corante saia da célula. Assim, o etanol não consegue remover o complexo violeta-iodo cristalino que se encontra ligado à camada espessa de peptidoglicano das bactérias gram positivas e que aparece com uma cor azul ou púrpura.

No caso das bactérias gram-negativas, a parede celular também absorve o complexo CV-iodo, mas devido à fina camada de peptidoglicano e à espessa camada exterior formada por lípidos, o complexo CV-iodo é eliminado.

Quando são expostos ao álcool, o descolorante dissolve os lípidos das paredes celulares, o que permite que o complexo violeta-iodo cristalino seja lixiviado das células. Depois, quando novamente coradas com safranina, absorvem a coloração e aparecem com uma cor vermelha, como se mostra na Figura 9 (A).

Procedimento

Utilizar uma lâmina limpa e sem gordura. Preparar o esfregaço da suspensão na lâmina limpa com uma pequena quantidade de amostra. Secar ao ar e fixar com calor e, em seguida, verter o cristal violeta e mantê-lo durante cerca de 30 segundos a 1 minuto e enxaguar com água. Inundar com iodo de Gram durante 1 minuto e lavar com água. Em seguida, lavar com álcool a 95% ou acetona durante cerca de 10-20 segundos e enxaguar com água. Adicionar safranina durante cerca de 1 minuto e lavar com água. Finalmente, secar ao ar, secar com um pano e observar ao microscópio **Figura 9 (B).**

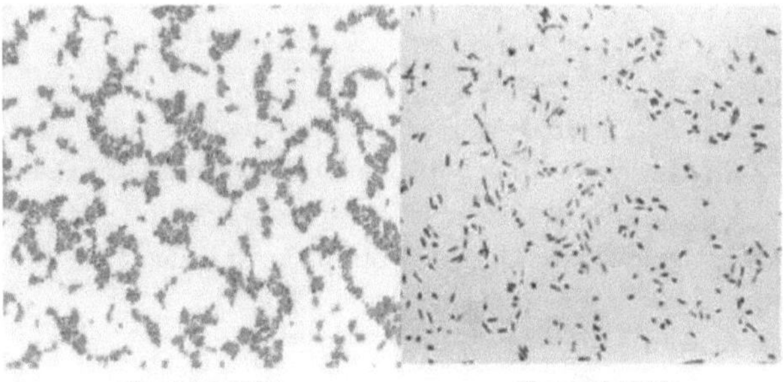

Figura 9A: a diferença entre bactérias Gram positivas (azul) e Gram negativas (vermelho) ao microscópio, utilizando a reação de coloração de Gram.

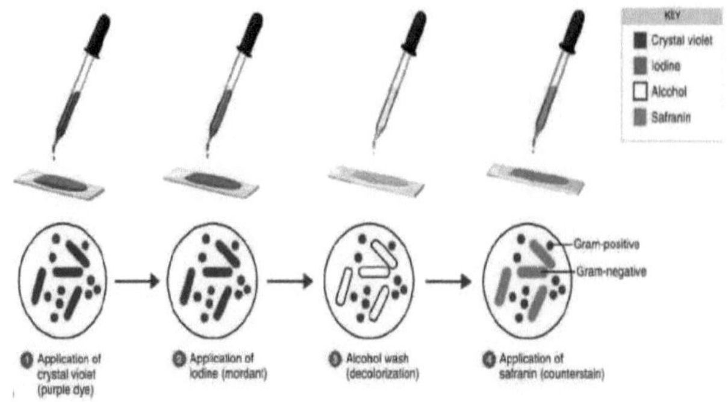

Figura 9b: Procedimentos de coloração de Gram, 1- Violeta cristal, 2- Iodo, 3- Álcool, 4- Safranina.

Atividade antibacteriana de **L. acidophilus e Bifidobacteria** spp

Inoculação de 20 ml de meios de cultura MacConky (MacConkey, 1905) e Manitol (Koch, 1942) esterilizados com Gram positivos e Gram negativos isolados, depois incubação das placas inoculadas a 37°C durante 18-24 horas, antes e depois da administração de probióticos durante um mês.

A carga de bactérias patogénicas foi observada através da deteção da unidade formadora de colónias com base na seguinte equação UFC/mL = (n.º de colónias x fator de diluição) / volume da placa de cultura. Não foi efectuada qualquer diluição, pelo que o fator de diluição foi zero. Além disso, foram registados os números dos doentes infectados antes e depois da administração de probióticos.

Identificação das bactérias isoladas

Sistema VITEK 2 (Funk, 1998).

O VITEK 2 é um sistema automatizado de identificação microbiana que fornece resultados altamente exactos e reprodutíveis como demonstrado em múltiplos estudos independentes. Com os seus cartões de reagentes colorimétricos e avanços de hardware e software associados, o VITEK 2 oferece métodos de identificação fenotípica.

O cartão VITEK® 2 tem o tamanho e a forma de uma carta de jogo e contém 64 micropoços; os cartões de reagentes têm 64 poços que podem conter, cada um, um substrato de teste individual.

Os substratos medem várias actividades metabólicas, tais como acidificação, alcalinização, hidrólise enzimática e crescimento na presença de substâncias inibidoras; os cartões têm códigos de barras que contêm informações sobre o tipo de produto, número de lote, data de validade e um identificador único que pode ser ligado à amostra antes ou depois de carregar o cartão no sistema, como se mostra na **Figura 12**.

Processo de identificação

Os cartões de identificação foram inoculados com um número suficiente de colónias puras e transferidos, utilizando um aparelho de vácuo integrado, para 3,0 ml de solução salina estéril (NaCl aquoso a 0,45% - 0,50%, pH 4,5 -7,0), um suporte especial (cassete) do microrganismo em suspensão e o cartão de identificação foram colocados em ranhuras que se deslocavam para o sistema ótico.

O vácuo foi aplicado numa câmara de vácuo e o ar foi reintroduzido na estação, a suspensão de organismos foi forçada através do tubo de transferência para microcanais que enchem todos os poços de teste. A selagem do cartão e a incubação são efectuadas em linha a 35,5 ± 1,0° C.

Cada cartão foi retirado da incubadora em carrossel de 15 em 15 minutos e transportado para o sistema ótico para leitura das reacções. Um sistema ótico de transmitância permite a interpretação das reacções de ensaio utilizando diferentes comprimentos de onda no espetro visível.

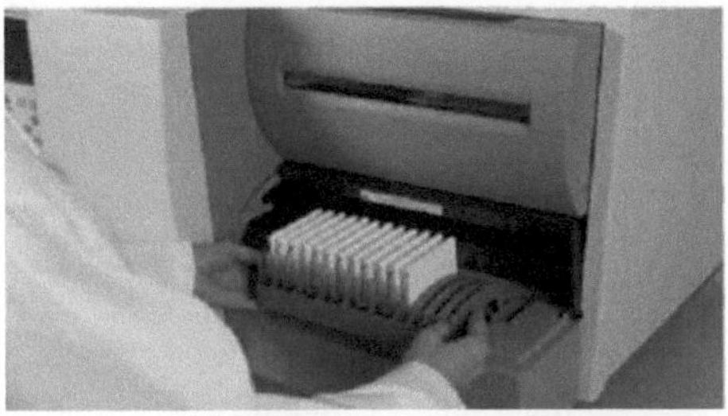

(A) A posição do cartão de 64 testes no instrumento do sistema VITEK2

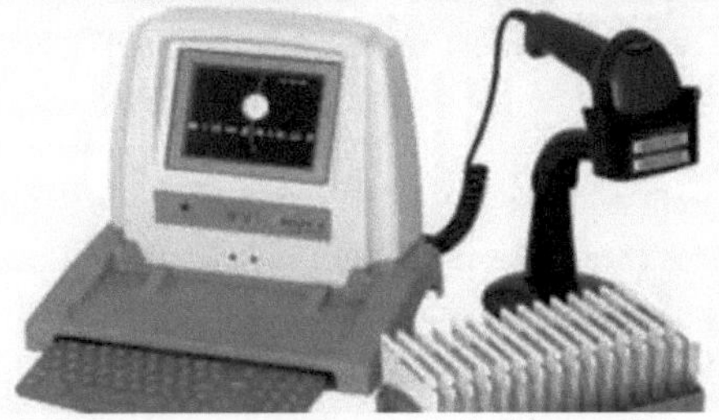

B) Instrumento VITEK2system, cartão, ecrã de laboratório, sistema de análise automatizado.

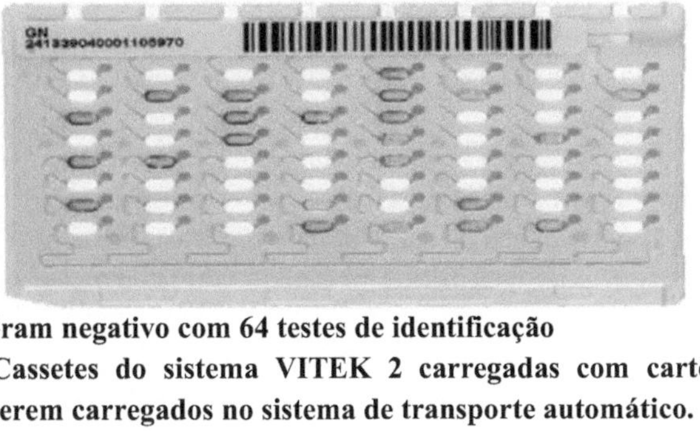

c) O cartão Gram negativo com 64 testes de identificação

Figure 10: Cassetes do sistema VITEK 2 carregadas com cartões e tubos de suspensão a serem carregados no sistema de transporte automático.

Cultura de probióticos em meio MRS

Os ingredientes da cápsula; L. acidophilus, B. bifidum (1,5 mil milhões de células) em pó

(Figura 11) foram cultivados em 1 litro de meio de caldo MRS, o meio MRS inoculado foi incubado durante 3 dias com agitação a 37°C, a cultura foi centrifugada para obter o sobrenadante que está pronto a ser utilizado para o estudo antibacteriano.

Figure 11: Os ingredientes da cápsula de probióticos em forma de pó.

Teste de sensibilidade antibacteriana (TSA) Técnica de Kirby Bauer (Barry **et al.**, 1979).

Inoculação de 20 mL de ágar MacConkey e Manitol esterilizado com 100 pL de cada cepa bacteriana isolada, os discos de antibióticos e também poços de sobrenadante probiótico foram colocados em placas e incubados por 18-24 horas a 37°C. Os diâmetros das zonas de inibição foram registados em mm, de acordo com o Clinical and Laboratory Standards Institute **(CLSI, 2013)**.

Identificação da sequência do gene 16S rRNA da estirpe de Staphylococcus aureus **mais resistente aos antibióticos (Stackebrandt** et al., **1992).**

O isolado selecionado foi enviado para a empresa SIGMA SCIENTIFIC SERVICE para ser identificado por sequenciação do gene 16S rRNA. O ADN genómico bacteriano é extraído das células com um kit de extração de ADN (protocolo de extração de ADN Qiagen DNeasy) e utilizado como modelo para a reação de reação em cadeia da polimerase (PCR).

Extração de ADN

O ADN foi extraído utilizando o protocolo do Gene Jet™ genomic DNA purification Kit (Thermo) da seguinte forma:-

1- Colher até $2x10^9$ células bacterianas num tubo de microcentrifugação de 1,5 ou 2 ml por centrifugação durante 10 min a 5000 x g. Deitar fora o sobrenadante.

2- Voltar a suspender o sedimento em 180pl de solução de digestão. Adicionar 20 ml de solução de proteinase K e misturar bem, agitando no vórtex ou pipetando, para obter uma suspensão uniforme.

3- Incubar a amostra a 56°C, agitando ocasionalmente no vórtex, ou utilizar um banho-maria, uma plataforma de agitação ou um termomisturador até as células estarem completamente lisadas (~30 min).

4- Adicionar 20µl de solução de RNase A, misturar em vórtice e incubar a mistura durante 10 min à temperatura ambiente.

5- Adicionar 200µl de solução de lise à amostra. Misturar bem, agitando em vórtice durante cerca de 15 s, até obter uma mistura homogénea.

6- Adicionar 400µl de etanol a 50% e misturar por pipetagem ou vortex.

7- Transferir o lisado preparado para uma coluna de purificação de ADN genómico GeneJET™ inserida num tubo de recolha. Centrifugar a coluna durante 1 minuto a 6000 x g. Deitar fora o tubo de recolha que contém a solução de fluxo. Colocar a coluna de purificação de ADN genómico GeneJET™ num novo tubo de recolha de 2 ml (incluído).

8- Adicionar 500µl de tampão de lavagem I (cloridrato de guanidínio). Centrifugar durante 1 min a 8000 x g. Deitar fora o fluxo e voltar a colocar a coluna de purificação no tubo de recolha.

9- Adicionar 500µl de tampão de lavagem II à coluna de purificação de ADN genómico GeneJET™. Centrifugar durante 3 minutos à velocidade máxima (>12000 x g). Eliminar o tubo de recolha que contém a solução de fluxo e transferir a coluna de purificação de ADN genómico GeneJET™ para um tubo de microcentrifugação estéril de 1,5 ml.

10- Adicionar 80|xl de tampão de eluição ao centro da membrana da coluna de purificação de ADN genómico GeneJET™ para eluir o ADN genómico. Incubar durante 2 minutos à temperatura ambiente e centrifugar durante 1 minuto a 8000 x g.

11- Deitar fora a coluna de purificação. Utilizar o ADN purificado imediatamente na PCR.

5.8.2. Reação em cadeia da polimerase

A PCR foi efectuada utilizando a Maxima Hot Start PCR Master Mix (Thermo) da seguinte forma

1- Agite suavemente no vórtex e centrifugue brevemente a Maxima® Hot Start PCR Master Mix (2X) após a descongelação.

2- Adicionar os seguintes componentes para cada reação de 50 pl à temperatura ambiente:

Maxima® Hot Start PCR Master Mix (2X)	25µl
16SrRNA Forward primer	1ul (20uM)
16SrRNA Reverse primer(of each 8 primer)	1ul(20uM)
Template DNA	5ul
Water, nuclease-free	18µl
Total volume	50µl

Primário direto: - AGA GTT TGA TCC TGG CTC AG

Iniciador inverso: - GGT TAC CTT GTT ACG ACT T

3- Agitar suavemente as amostras em vórtice e centrifugar.

4- Efetuar a PCR utilizando as condições de termociclagem recomendadas, descritas abaixo:

Step	Temp. C	Time	Number of cycles
Initial denaturation / enzyme activation	95	10 min	1
Denaturation	95	30 s	35
Annealing	65	1min	
Extension	72	1min 30s	
Final Extension	72	10 min	1

Análise do produto da PCR com gel de agarose

O produto da PCR foi examinado através do carregamento de um gel de agarose a 1% contra uma escada de 1Kb (Fermentas).

5.8.4. Purificação da reação em cadeia da polimerase (PCR)

Em seguida, limpar o produto PCR com o GeneJET™ PCR Purification Kit (Thermo) da seguinte forma

1- Adicionar 45ul de Binding Buffer à mistura PCR completa. Misturar bem.

2- Transferir a mistura do passo 1 para a coluna de purificação GeneJET™. Centrifugar durante 30-60 s a >12000 x g. Deitar fora o fluxo.

3- Adicionar 100ul de Wash Buffer à coluna de purificação GeneJET™. Centrifugar durante 3060 s. Deitar fora o fluxo e voltar a colocar a coluna de purificação no tubo de recolha.

4- Centrifugar a coluna de purificação GeneJET™ vazia durante mais 1 min para remover completamente qualquer tampão de lavagem residual.

5- Transferir a coluna de purificação GeneJET™ para um tubo de microcentrifugação limpo de 1,5 ml. Adicionar 25ul de tampão de eluição ao centro da membrana da coluna de purificação GeneJET™ e centrifugar durante 1 min.

6- Eliminar a coluna de purificação GeneJET™ e armazenar o ADN purificado a -20°C.

Finalmente, a sequenciação do produto da PCR foi efectuada pela GATC Company utilizando a sequência de ADN ABI 3730 XL com primers forward e reverse.

Determinação das respostas antivirais de **L. acidophilus** e **Bifidobacteria spp.**

Estimativa quantitativa da carga de HCV

Utilizou-se um instrumento automatizado (servidor HVD Auto Q) para verificar os materiais genéticos (ARN) como estimativa quantitativa do ARN do VHC antes e depois dos protocolos de tratamento de ambos os grupos (B, C), tal como mencionado anteriormente no capítulo (3) do material e métodos.

Determinação dos glóbulos brancos

As amostras de sangue foram colhidas em tubos de EDTA e depois analisadas quanto ao número total de leucócitos e diferencial de linfócitos, monócitos e neutrófilos, utilizando um instrumento totalmente automatizado (**CBC Swelab, Alpha three part differential, El-Haya Lab, Tanta, Egipto).**

Determinação da resposta imunitária (Wallace H., 1953).

Recolher amostras de sangue de doentes com VHC crónico antes e depois do tratamento com probióticos como cápsula de suplemento antes do tratamento com IFN-α (grupos (A controlo, B)) e análise do imunofenótipo utilizando anticorpos monoclonais (mAbs) $CD3^+$ e $CD56^+$ (BD Biosciences). **Procedimentos**

1-Preparação de células para o protocolo de citometria de fluxo

1. 100 pl de sangue fresco + 3 ml de ACK, incubar durante 5 min e completar com solução PBS
2. Centrifugar a 1000 rpm e deitar fora.
3. Adicionar 3 ml de ACK e incubar durante 5 minutos e completar com solução PBS
4. Centrifugar a 1000 rpm e deitar fora, deixando apenas cerca de 300 pl de sedimento

Protocolo de coloração de antigénios de superfície celular

5. 300 µl de sedimento + 5pl de cada anticorpo (CD3 +, CD56+).
6. Incubação no escuro durante 30 minutos.
7. Adicionar 3 ml de PBS e centrifugar a 1000 rpm.
8. Deitar fora e deixar apenas cerca de 300 µl.
9. Adicionar PFA cerca de 200 µl.
10. pronto para análise por citometria de fluxo.

Princípio da técnica de citometria de fluxo

Um dos fundamentos da citometria de fluxo é a capacidade de medir as propriedades de partículas individuais. Quando uma amostra em solução é injectada num citómetro de fluxo, as partículas estão distribuídas aleatoriamente no espaço tridimensional. A amostra deve, portanto, ser ordenada num fluxo de partículas individuais que podem ser interrogadas pelo sistema de deteção da máquina. Este processo é gerido pelo sistema de fluidos, como se mostra na **Figura 12.**

- Cada partícula passa através de um ou mais feixes de luz. A dispersão da luz ou a emissão de fluorescência (se a partícula estiver marcada com um fluorocromo) fornece informações sobre as propriedades da partícula. O laser e a lâmpada de arco são as fontes de luz mais utilizadas na citometria de fluxo moderna.
- A luz dispersa na direção da frente, normalmente até 20 Offset do eixo dos feixes de laser, é recolhida por uma lente conhecida como canal de dispersão da frente (FSC) que equivale ao tamanho da partícula e também pode ser utilizada para distinguir entre detritos celulares e células vivas.
- A luz medida aproximadamente num ângulo de 90° em relação à linha de excitação é designada por dispersão lateral. O canal de dispersão lateral (SSC) fornece informações sobre o conteúdo granular de uma partícula.
- A especificidade da deteção é controlada por filtros ópticos, que bloqueiam determinados comprimentos de onda enquanto transmitem (passam) outros.

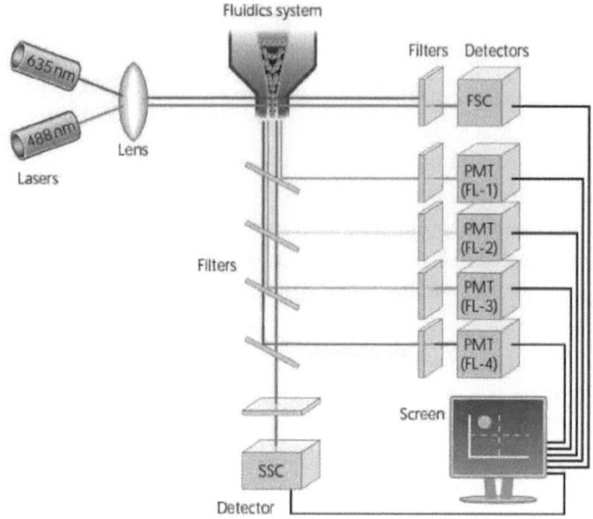

Figura 12: A técnica de citometria de fluxo, esquema de uma configuração típica de um citómetro de fluxo, FSC: canal de dispersão frontal, SSC: canal de dispersão lateral, FL: emissão de luz fluorescente.

Análise de dados

Análise do sangue total lisado utilizando FSC/SSC Abreviaturas e deteção da contagem de leucócitos com a diferenciação, como se mostra na **Figura 13.**

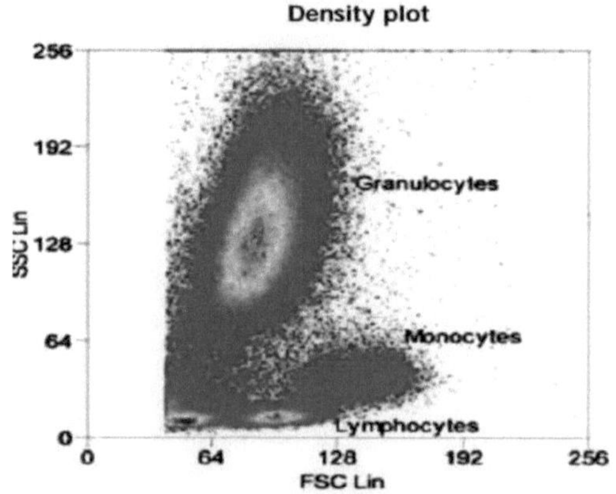

Figura 13: **Gráfico de densidade de leucócitos e a sua diferenciação em linfócitos, monócitos** e granulócitos. FSC: canal de dispersão frontal e SSC: canal de dispersão lateral. histogramas: Lin = Escala linear Log = Escala logarítmica, Log Comp = Escala logarítmica com compensação aplicada

- Neste estudo foram utilizados dois corantes, APC (aloficocianina) para CD3 + (FL-4) e $CD56^+$ como FITC (isotiocianato de fluoresceína) (FL-1).
- Os resultados foram tabulados.

Determinação do perfil lipídico

Determinação quantitativa do colesterol (Allain e Poon, 1974)

Procedimentos:-

1- Soro ou plasma (estabilidade de 7 dias a 2-8ºC e congelação durante alguns meses).

2- Ajustar o instrumento ao zero com água destilada com um comprimento de onda de 505 nm.

3-Preparar três tubos (branco, amostra padrão) adicionar em cada tubo um ml de (WR) e no tubo padrão colocar 10 µl de solução padrão. e 10 pl de amostra no tubo de amostra .

4- Misturar e incubar durante 5 minutos a 37 °C ou 10 minutos a RM.

5-Ler o A da amostra e do padrão contra o branco, ler no espetrofotómetro a 505.

Valores de referência; (menos de 200 mg/dL Normal, 200-239 mg/dL, ≥240 Elevado).

Determinação quantitativa dos triglicéridos (Bucolo e David, 1973).

1. Soro ou plasma heparinizado ou EDTA (estabilidade 5 dias a 2-8° c)
2. Ajustar o instrumento ao zero com água destilada a 505 nm de comprimento de onda, à temperatura de 37° c.
3. Preparar 3 tubos (branco, padrão, amostra), colocar em cada um 1 ml de WR e adicionar 10 pl da amostra ao tubo da amostra e o mesmo do padrão ao tubo do padrão.
4. Misturar e incubar durante 5 min a 37° c ou 10 min à temperatura ambiente.
5. Ler a absorvância da amostra e do padrão em relação ao branco.

Valores de referência: (Homens: 40-160 mg/dL, Mulheres: 35-135 mg/dL).

Determinação quantitativa da enzima alanina aminotransferase sérica (ALT)

Princípio

A atividade sérica da alanina aminotransferase (ALT) ou SGPT foi analisada pelo método cinético utilizando um kit comercial disponível (ELITech, Egipto) de acordo com o método (IFCC sem fosfato de piridoxal) **(Bruns** et al.**, 1981).**

O grupo amino é transferido enzimaticamente pela Alt presente na amostra da alanina para o átomo de carbono do α-cetoglutarato, produzindo piruvato e L-glutamina.

α-cetoglutarato + L-alanina $\xrightarrow{ALT}$ Piruvato +L-glutamina.

-O piruvato é reduzido a lactato pela LDH presente no reagente, com a oxidação do NADH em NAD. A reação é monitorizada medindo a velocidade de diminuição da absorvância a 430 nm devido à oxidação do NADH

Piruvato + NADH +H+ $\xrightarrow{LDH}$ L- Lactato+ NAD^+

Procedimento

1. Comprimento de onda 340 nm
2. Volume da amostra 20 ul
3. Volume do reagente 200 µl
4. Temperatura 37 * c

Os tubos foram misturados e a absorvância da amostra foi medida após 50, 120 e 180 segundos. Foi determinada a variação média da absorvância por minuto.

Cálculo

U/L=1746 x A /min

Valores de referência:-

Homens: -$\leq$ 45

Mulheres: - $\leq$ 45

Determinação quantitativa da enzima aspartato aminotransferase (AST).

A aspartato aminotrensferase (AST) ou SGOT catalisa a transferência do grupo amino do ácido aspártico para o ácido a-cetoglutárico. Esta enzima encontra-se em praticamente todos os tecidos do corpo, incluindo os glóbulos vermelhos. Encontra-se em concentração particularmente elevada no fígado, no coração e nos músculos esqueléticos **(Bruns** et al., **1981).**

A aspartato aminotrensferase (AST) foi analisada utilizando um kit comercial disponível (**ELITech, Egipto**) de acordo com o método (**IFCC sem fosfato de piridoxal) (Garber** et al., **1981).**

Método cinético UV baseado na taxa de oxidação do NADH numa reação acoplada de desidrogenase málica.

L-aspartato + α-cetoglutarato $\xrightarrow{AST}$ Oxalacetato + L-glutamato

Oxalacetato + NADH + H^+ $\xrightarrow{MDH}$ L-malato + NAD^+

Procedimento

1. Comprimento de onda 340 nm
2. Volume da amostra 20 ul
3. Volume do reagente 200 µl
4. Temperatura 37°c

Os tubos foram misturados e a absorvância da amostra foi medida após 50, 120 e 180 segundos. Foi determinada a variação média da absorvância por minuto.

Cálculo

U/L=1746 x A /min

Valores de referência:-

Homens: -$\leq$ 45, Mulheres: - $\leq$ 45

Determinação quantitativa do colesterol HDL

As lipoproteínas de muito baixa densidade (VLDL) e de baixa densidade (LDL) do soro ou do plasma são precipitadas por fosfotungstato na presença de iões de magnésio. Após centrifugação, o sobrenadante contém lipoproteínas de alta densidade (HDL). A fração de colesterol HDL é determinada utilizando o reagente enzimático de colesterol total **(Naito, 1984; Grove, 1979).**

Amostras

O soro ou o plasma devem ser isentos de hemólise e removidos do coágulo sanguíneo o mais rapidamente possível.

Estabilidade: O colesterol HDL é estável durante 7 dias a 2-8°C.

Procedimentos

Precipitação

1. Adicionar um volume do reagente (R) de 100 µL e a amostra de 1,0 mL num tubo de centrifugação.
2. Misturar bem; deixar repousar durante 10 minutos à temperatura ambiente.
3. Centrifugar a 4000 r.p.m. durante 20 min ou 2 min a 12000 r.p.m.
4. Recolher o sobrenadante e utilizá-lo como amostra na determinação do colesterol total.

Cálculos:

Seguir as instruções do folheto informativo sobre o colesterol total.

O LDL-colesterol foi calculado de acordo com a equação efectuada pela fórmula de Friedewald **(Planella** et al.**, 1997)**

LDLc = Colesterol total - HDLc - (TG/5)

Valores de referência:-

HDL-cholesterol	
Men	Women
Lower risk > 55 mg/dL	> 65 mg/dL
Standard risk 35-55 mg/dL	45-65 mg/dL
Increased risk < 35 mg/dL	< 45 mg/dL
LDL-cholesterol:	
Suspected above : 150 mg/dL	
Increased above : 190 mg/dL	

Determinação do nível da enzima Diacilglicerol-O-Aciltransferase (DGAT1)

Kit para o ensaio de imunoabsorção enzimática da Diacilglicerol-O-Acil transferase homóloga 1 (DGAT1) **(Engvall e Perlmann, 1971)** espécie de organismo: **Homo sapiens (Humano).** Este ensaio tem uma elevada sensibilidade e uma excelente especificidade para a deteção de DGA T1.

Princípio de teste

A placa de microtitulação fornecida neste kit foi pré-revestida com um anticorpo específico para DGAT1. Os padrões ou amostras são então adicionados aos poços adequados da placa de microtitulação com um anticorpo conjugado com biotina específico para DGAT1. Em seguida, adiciona-se avidina conjugada com peroxidase de rábano (HRP) a cada poço da microplaca e incuba-se. Depois de se adicionar a solução de substrato 3,3',5,5'-Tetrametilbenzidina (TMB), apenas os poços que contêm DGAT1, anticorpo conjugado com biotina e avidina conjugada com enzima apresentarão uma mudança de cor. A reação enzima-substrato é terminada com a adição de uma solução de ácido sulfúrico e a mudança de cor é medida espectrofotometricamente a um comprimento de onda de 450 nm ± 10 nm. A concentração de DGAT1 nas amostras é então determinada por comparação da densidade ótica das amostras com a curva padrão.

Recolha e armazenagem de amostras:-

Soro - Utilizar um tubo de separação de soro e deixar as amostras coagular durante duas horas à temperatura ambiente ou durante a noite a 4 °C antes de centrifugar durante 20 minutos a aproximadamente 1000*g. Analisar imediatamente o soro acabado de preparar ou armazenar as amostras em alíquotas a -20 o C ou -80° C para utilização posterior. Evitar ciclos repetidos de congelação/descongelação.

Plasma - Colher plasma utilizando EDT A ou heparina como anticoagulante. Centrifugar as amostras durante 15 minutos a 1000*g a 2 -8° C nos 30 minutos seguintes à colheita. Retirar o plasma e efetuar o ensaio imediatamente ou armazenar as amostras em alíquotas a -20 o C ou -80 o C para utilização posterior. Evitar ciclos repetidos de congelação/descongelação.

Preparações de reagentes:-

1. Colocar todos os componentes do kit e as amostras à temperatura ambiente (18-25° C) antes de os utilizar.

2. Padrão - Reconstituir o padrão com 1,0mL de diluentes padrão, manter durante 10 minutos à temperatura ambiente, agitar suavemente (não fazer espuma). A concentração do padrão na solução-mãe é de 20ng/mL.

3- Preparar 7 tubos contendo 0,5 ml de diluente padrão e produzir uma série de diluições duplas de acordo com a figura abaixo. Misturar bem cada tubo antes da transferência seguinte. Preparar 7 pontos de padrão diluído, tais como 20ng/mL, 10ng/mL, 5ng/mL, 2,5ng/mL, 1,25 ng /mL, 0,625 ng/mL, 0,312 ng /mL, e os últimos tubos EP com diluente padrão são o branco como 0ng/mL.

Tube	1	2	3	4	5	6	7	8
ng/mL	20	10	5	2.5	1.25	0.625	0.312	0

3. Reagente de deteção A e reagente de deteção B - centrifugar ou centrifugar brevemente o stock de deteção A e de deteção B antes de utilizar. Diluir até à concentração de trabalho com o diluente de ensaio A e B, respetivamente (1:100).

4. Solução de lavagem - diluir 20mL de concentrado de solução de lavagem (30^{x}) com 580mL de água desionizada ou destilada para preparar 600mL de solução de lavagem (1^{x}).

5. substrato 3,3',5,5'-Tetrametilbenzidina (TMB) - Aspirar a dose necessária da solução com pontas esterilizadas e não voltar a deitar a solução residual no frasco

Procedimentos de ensaio

1. Determinar o número de alvéolos para o padrão diluído, o branco e a amostra. Preparar 7 poços para o padrão e 1 poço para o branco. Adicionar 100p.L de cada uma das diluições do padrão (ler a preparação do reagente), do branco e das amostras nos poços apropriados. Cobrir com o vedante de placa. Incubar durante 2 horas a 37° C.
2. Retirar o líquido de cada poço, não lavar.
3. Adicionar 100µ.L de solução de trabalho do reagente de deteção A a cada poço. Incubar durante 1 hora a 37° C depois de cobrir com o vedante de placa.
4. Aspirar a solução e lavar com 350µ.L de solução de lavagem para cada poço, utilizando

um frasco de esguicho, uma pipeta multicanal, um dispensador de coletor ou uma máquina de lavar automática, e deixar repousar durante 1~2 minutos. Remover completamente o líquido restante de todos os poços, encaixando a placa em papel absorvente. Lavar totalmente 3 vezes. Após a última lavagem, remover qualquer tampão de lavagem restante por aspiração ou decantação. Inverter a placa e colocá-la sobre papel absorvente.

5. Adicionar 100µL de solução de trabalho do Reagente de Deteção B a cada poço. Incubar durante 30 minutos a 37° C depois de cobrir com o vedante de placa

6. Repetir o processo de aspiração/lavagem por um total de 5 vezes, tal como efectuado na etapa 4.

7. Adicionar 90µL de solução de substrato a cada poço. Cobrir com um novo vedante de placa. Incubar durante 15 a 25 minutos a 37° C (não exceder 30 minutos). Proteger da luz. O líquido ficará azul com a adição da solução de substrato.

8. Adicionar 50p,L de solução de paragem a cada poço. O líquido ficará amarelo com a adição da solução de paragem. Misturar o líquido batendo no lado da placa. Se a mudança de cor não parecer uniforme, bater suavemente na placa para garantir uma mistura completa.

9. Retirar qualquer gota de água e a impressão digital no fundo da placa e confirmar que não existem bolhas na superfície do líquido. Em seguida, acionar o leitor de microplacas e efetuar imediatamente a medição a 450 nm.

Cálculos

O cálculo consiste em traçar o valor O.D. do padrão (eixo X) em relação à concentração conhecida do padrão (eixo Y). Recomenda-se o traçado do logaritmo dos dados para estabelecer uma curva padrão para cada teste. A curva padrão típica abaixo é fornecida apenas como referência

6. Análise estatística

Os dados clínicos foram recolhidos ao longo do estudo e analisados para cada doente. A análise estatística de apresentação do presente estudo foi efectuada através da média, desvio padrão, teste do Qui-quadrado pelo SPSS V.20.Standard student "t test" teste de significância das diferenças entre médias $*P \leq 0{,}05$, $**P \leq 0{,}01$.

CAPÍTULO 6

Estudo de caso Resultados

Efeito antiviral dos probióticos

O efeito antiviral dos probióticos foi estudado através de duas vias: a primeira foi a redução da carga viral, que foi determinada pelo ensaio de PCR do VHC em dois grupos (grupo B e C), e a segunda foi através da melhoria das respostas imunitárias e, subsequentemente, da inibição da infeção bacteriana secundária. Os dados dos resultados do ensaio de PCR do VHC ilustraram que os probióticos aumentaram o número de pacientes que responderam até 95% dos pacientes ao tratamento com IFN-α e ribavirina no grupo B, em comparação com 70% dos pacientes no grupo C que foram tratados apenas com IFN-α e ribavirina, e foi menor, conforme mostrado na **Figura 14 e** na **Tabela 2.** O título de PCR do VHC ilustrou que os doentes estavam altamente infectados com o vírus VHC antes de qualquer tratamento, enquanto a carga viral em alguns doentes do grupo C era de cerca de 2 921 707 até 500 000 milhões de UI/ML e noutros do mesmo grupo era de cerca de 29 217 até 428 847 milhões de UI/ML. Por outro lado, os doentes do grupo B estavam muito mais infectados com o vírus C do que os doentes do grupo C, uma vez que a carga viral era de cerca de 23 030 498 até 1 005 317 milhões de UI/ml, enquanto a de outros doentes do mesmo grupo era de cerca de 7 684 até 138 772 milhões de UI/ml. Após o tratamento com cápsulas probióticas durante um mês e, posteriormente, durante três meses, com o tratamento viral (IFN-α e ribavirina) no grupo B, a carga viral do VHC apresentou um resultado nulo na maioria dos doentes, exceto num único doente, mas no grupo C, que foi tratado apenas com IFN-α e ribavirina, a carga viral apresentou um resultado nulo, exceto em 6 doentes que indicaram não ter resposta ao tratamento com IFN-α e ribavirina.

Quadro 1 2A: estimativa quantitativa da PCR do VHC antes e depois da estratégia de tratamento com apenas IFN-α e ribavirina

Patient(GpC)	Age	Sex	PCR IU/ML (Before)	PCR IU/ML (After)
1	45	F	428.847	Nil
2	50	M	997.631	Nil
3	50	M	1.060.807	Nil
4	53	M	29.217	Nil
5	48	M	500.000	Not responded
6	50	M	250.593	Nil
7	48	F	160.559	Nil
8	53	F	301.279	Nil
9	50	M	629.462	Nil
10	54	F	292.170	Nil
11	45	M	159.332	Nil
12	46	M	2.705.847	Nil
13	55	M	70.244	Not responded
14	53	F	428.897	Not responded
15	54	M	214.933	Not responded
6	49	M	2.921.707	Not responded
17	43	M	539.887	Not responded
18	40	M	233.345	Nil
19	45	M	144.876	Nil
20	40	M	233.98	Nil

M=homem, F=mulher, Nulo=taxa de resposta demasiado elevada para revelar que não se observou ARN do VHC (resultado negativo), sem resposta = carga viral elevada ≥ a carga inicial. Como demonstrado, a taxa de resposta ao tratamento com IFN-α e ribavirina é de cerca de 70%.

Tabela 1 2 B: estimativa quantitativa da PCR do VHC antes e depois da estratégia de tratamento, incluindo a administração de probióticos antes do IFN-α **e da** ribavirina.

Patient's name(GpB)	Sex	Age	HCV PCR IU/ML (Before)	HCV PCR IU/ML (After)
1	F	38	23.030.498	Nil
2	M	43	1.005.317	Nil
3	M	45	1.016.250	Nil
4	M	44	1.581.138	Nil
5	M	56	1.787.737	Nil
6	M	50	804.704	Nil
7	M	48	199.35	Nil
8	F	53	214.933	Nil
9	M	50	367.821	Nil
10	M	45	138.772	Nil
11	M	50	193.035	Nil
12	F	48	7.684	Nil
13	M	45	13.561.362	Nil
14	M	55	23.207	Not responded
15	F	45	1.190.245	Nil
16	F	43	170.727	Nil
17	M	40	711.710	Nil
18	F	53	1.356.13	Nil
19	M	52	1.250.23	Nil
20	M	40	234.95	Nil

M=homem, F=mulher, Nulo=taxa de resposta demasiado elevada para revelar que não foi observado ARN do VHC (resultado negativo), não respondeu = carga viral elevada ≥ a carga inicial.

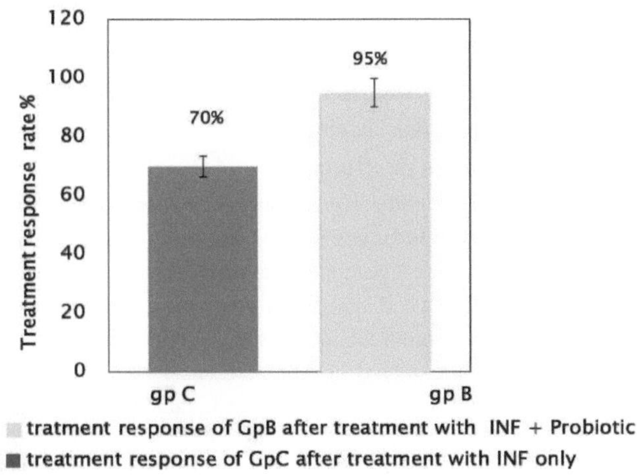

Figura 14: A taxa de resposta ao tratamento de doentes com VHC crónico a interferão e ribavirina na presença ou ausência de administração de probióticos.

Isolamento de bactérias patogénicas de doentes investigados.

Foi observado um crescimento de bactérias isoladas da urina do doente em ágar nutriente, enquanto as bactérias isoladas foram diferenciadas utilizando a reação de coloração de Gram e a investigação microscópica revelou a presença de bactérias G+ve sob a forma de cocos, especialmente estafilococos, enquanto as bactérias G-ve estavam sob a forma de bacilos.

Identificação das bactérias isoladas

As bactérias isoladas, G+ve e G-ve, foram cultivadas em meios selectivos como o Manitol e o MacConky, enquanto a G+ve apresentou uma cor amarela no meio de Manitol que reflectia a infeção por Staphylococcus aureus em doentes com VHC crónica e a bactéria G-ve apresentou uma cor entre o amarelo e o rosa em alguns doentes, enquanto outros apresentaram uma cor rosa escura ou incolor e outros doentes apresentaram a presença de ambas as bactérias G+ve e G-ve. Como resultado, foram observadas cerca de cinco estirpes diferentes de Staphylococcus aureus utilizando o padrão de resistência que ilustrava a estirpe mais resistente. Subsequentemente, o objetivo consistia em identificar a estirpe ou espécie mais resistente em doentes com VHC crónico contra os antibióticos utilizados habitualmente e quais os antibióticos eficazes que devem ser prescritos, tendo sido utilizados os sistemas VITEK 2 para a identificação bioquímica posterior.

Sistema VITEK 2

Os sistemas VITEK 2 forneceram cerca de 64 testes bioquímicos que foram utilizados para uma identificação precisa das bactérias G+ve e G-ve apresentadas. Este estudo revelou a presença de cinco principais agentes patogénicos bacterianos em doentes com VHC crónica: Staphylococcus lentus, Staphylococcus aureus, Klebsiella pneumonia, Pseudomonas aeruginosa e Escherichia coli. Principalmente, observou-se que as bactérias patogénicas mais comuns dos cinco agentes patogénicos eram Staphylococcus aureus, Pseudomonas aeruginosa e Escherichia coli.

Identificação bioquímica da estirpe 2 de S. aureus através dos sistemas VITEK 2 Sensibilidade antibacteriana das bactérias isoladas aos antibióticos de uso comum e ao sobrenadante livre de células.

Verificou-se que a atividade antibacteriana do sobrenadante isento de células de L. acidophillus em comparação com outros antibióticos através da técnica de difusão em disco numa placa de Petri contra E. coli e Pseudomonous aeruginosa era a mesma, bem como a Vancomicina e a Piperacilina, mas a P. aerugnosa apresentou o efeito mais resistente aos antibióticos: OFloxacina (OFX), Ácido Nalidíxico (NA), Cloranfenicol (C), Levofloxacina (LEV), Norfloxacina (NOR), Furantoína (F) e Ampilicilina+sulbactam (SAM).

Além disso, o sobrenadante livre de células de L. acidophillus mostrou atividade antibacteriana contra diferentes estirpes de S. aureus como uma das bactérias patogénicas isoladas mais comuns e mostrou atividade antibacteriana mais do que outros antibióticos como Cefataxima (CXM), Amicacina (AK), Ampilicilina+sulbactam (SAM) e ácido nalidíxico (NA), mas foi tão bem como Cloranfenicol (C) e OFloxacina (OFX).

Como resultado, os antibióticos investigados contra espécies bacterianas isoladas revelaram diferentes zonas de inibição com graus variáveis de resistência, enquanto as espécies bacterianas isoladas mais resistentes foram P. aeruginosa e S. aureus estirpe número 2, uma vez que esta estirpe era resistente a vários antibióticos: Doxiciclina (DA), ácido nalidexico (NA), eritromicina (E), clorafenicol (C), amicacina (AK) e piperacilina-tazobactam (TPZ),
Amoxicilina-ácido calvulínico (AMC), enquanto o teste de sensibilidade aos antibióticos foi outro método de deteção da existência de diferentes estirpes de S. aureus e detectou as estirpes mais resistentes, como se mostra na **figura (15, 16)**.

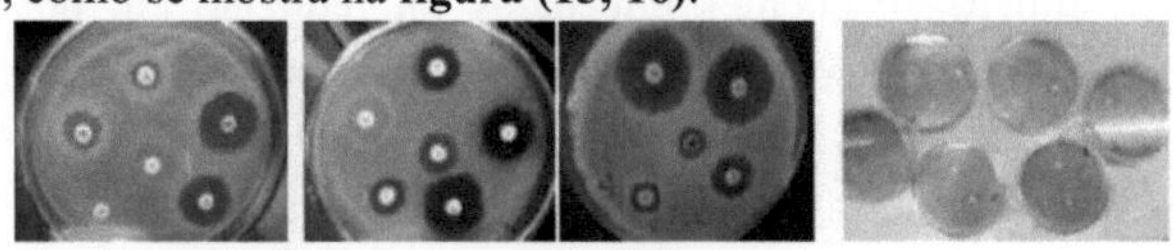

Figura 15A: Teste de sensibilidade aos antibióticos

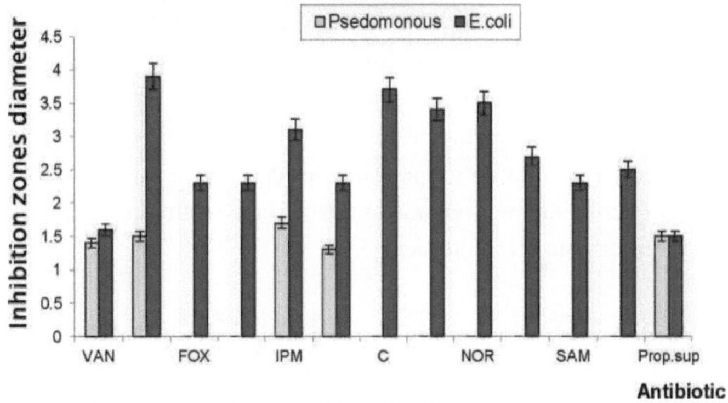

Figura 15B: Sensibilidade de Escherichia coli e Pseudomonas aeruginosa a diferentes antibióticos e, como se pode ver, P. aeruginosa foi mais resistente do que E. coli.

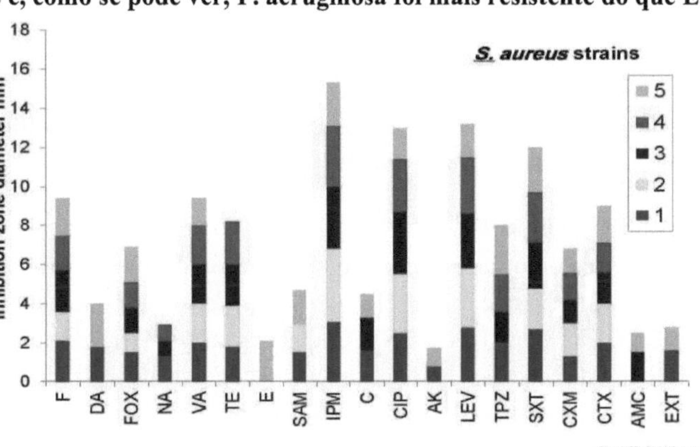

Figure 16: Sensibilidade das estirpes de Staphylococcus aureus a diferentes antibióticos e, como demonstrado, o isolado número 2 foi o mais resistente

Atividade antibacteriana de L. acidophilus e Bifidobacterium spp. in vivo

As infecções bacterianas secundárias em doentes com HCV crónico (gp B) foram comparadas com as de indivíduos saudáveis (gp A). Verificou-se que o número de doentes e a carga de bactérias isoladas antes da administração oral da cápsula eram mais elevados do que após a administração.

A carga de bactérias Gram positivas foi reduzida em 43,2 %, enquanto a carga de bactérias Gram negativas foi reduzida em 76 % nas amostras de urina em resposta à administração de probióticos no grupo (B), como se mostra na **Figura 17**.

Além disso, o número de doentes infectados foi reduzido em 60%; os dados de resultados comparados com o controlo foram os seguintes 30% dos pacientes estavam infectados com G+ve e G-ve , 37,5% com G+ve, 7,5% com G-ve e 25% sem quaisquer infecções bacterianas em ambos os grupos (B,C) antes da administração de probióticos, mas após a sua administração a taxa de pacientes infectados foi reduzida para 15% com G+ve, 5% com G-ve, e 30% estavam livres de quaisquer infecções bacterianas. Por outro lado, o grupo A de pessoas saudáveis não revelou qualquer crescimento bacteriano.

Por outro lado, a carga bacteriana e o número de doentes infectados com bactérias gram-positivas e gram-negativas não apresentaram diferenças significativas no grupo (C) em comparação com os doentes do grupo (B) antes de qualquer tratamento. Os dados do resultado, os probióticos tinham atividade antibacteriana contra as infecções bacterianas secundárias em doentes com VHC crónica.

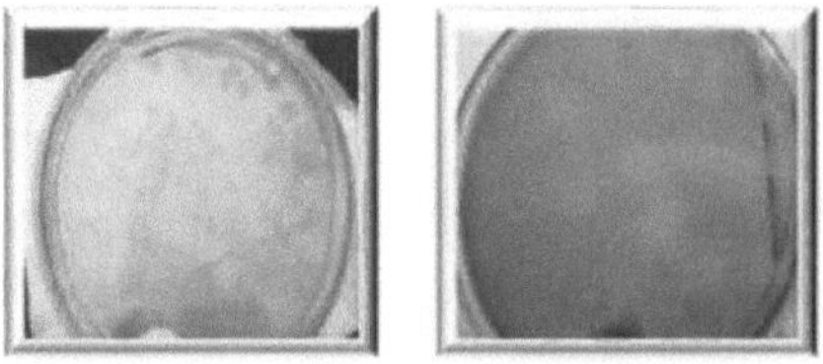

Before **After**

Figura 17: A carga de bactérias Gram positivas antes e depois da administração de probióticos e, como se pode ver, foi reduzida.

Identificação bacteriana do 16S r RNA

Subsequentemente, como foi mencionado obviamente, o isolado mais resistente de S. aureus era o número 2, pelo que foi selecionado para identificação molecular utilizando o ensaio de sequência do gene 16S r RNA e, como resultado, era semelhante ao RNA ribossómico 16S da estirpe subsp. N315, com uma identidade de cerca de 89%, e a árvore filogenética foi construída como ilustrado na **Figura 18 (A, B, C)**

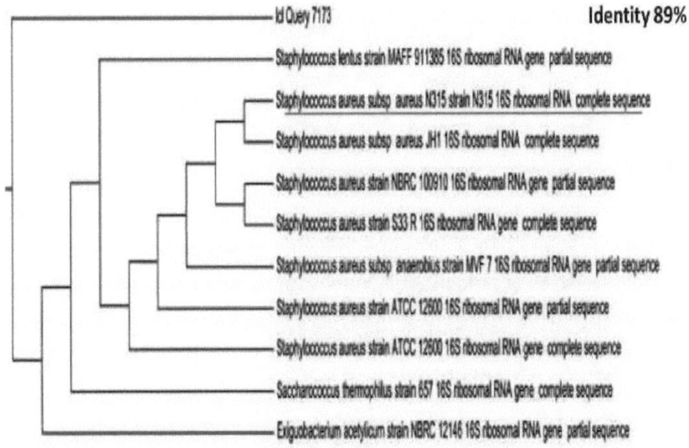

Fig 18A: Árvore filogenética de *btaptinloconkus barein* por acesso ao banco de genes e a identidade mais elevada foi *Nt3p5yl()aoccN3aureus\ibo* estirpe N315 16Sr RNA ribossómico.

- TAACACGAAGGACAACCTGCCTGTAAGACTGGCATAACCCCGGGAAACCGGGGCTAATA C
- CGGATAATACTTTCTTTTGCATAAGGGAAAGTTGAAAGGCGG-CTTCGGCTGTCACTTAC
- AGATGGGCCCGCGGCGCATTAGCTAGTTGGTGAGGTAACGGCTCACCAAGGCGACGATG C
- GTAGCCCACCTGAGAGGGTGATCGGCCACACTGGGACTGAGACACGGCCCAGACTCCTA C
- GGGAGGCAGCAGTAGGGAATCTTCCGCAATGGACGAAAGTCTGACGGAGCAACGCCGCG T
- GAGTGATGAAGGTTTTCGGATCGTAAAACTCTGTTGTTAGGGAAGAACAAGTTGGGTA-G
- TAACTGACCCAACCTTGACGGTACCTAACCAGAAAGCCACGGCTAACTACGTGCCAGCA G
- CCGCGGTAATACNTAGGTGGCAAGCGTTGTCCGGAATTATTGGGCGTAAAGCGCTCGCA G
- GCNNTNCTTTAAGTCTGATGTGAAATCTCGCGGCTCAACCGCGAACGGTCATTGGAAAC T
- GGAGGACTTGAGTACANAACAGGAGAGTGGAATTCCACGTGTAGCGGTGAAATGCATAG A
- GATGTGGAGGAACACCAGTGGCGAAGGCGACTCTCTGGTCTGTAACTGACGCTGAGGAG C
- GAAAGCGTGGGGAGCGAACAGGATTANATACCCTGGTAGTCCACGCCNTANACGATGAG T
- GCTANGTGTTANGGGNNTTCCGCCCCTTANTGCTGAAGTTAACNCATTAANCACTCCGC C
- CNGGGGAGTANNNCN-CAAGGCTGAA-CTCAAAGAAA-TGACGGGGGCCCNCACAAGCTG
- TGNAGCATGTGNTT-AAT

Figura 18B: RNA ribossómico 16S de Staphylococcus aureus subsp. aureus N315, estirpe N315, sequência genética completa.

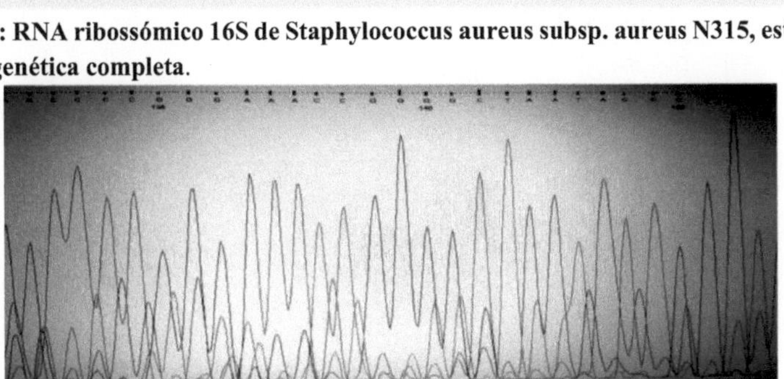

Figura 18C: Sequência do gene 16srRNA de S. areus através de análise genética por software.

Respostas imunitárias de L. acidophilus e Bifidobacterium spp. . Glóbulos brancos

As contagens de glóbulos brancos (WBCs) (monócitos, linfócitos e granulócitos) aumentaram após a administração oral de cápsulas de probióticos no grupo B de 6 % para 8 %, como se mostra na **Figura 19**. Subsequentemente, os probióticos melhoraram as respostas imunitárias, aumentando as populações de células imunitárias, linfócitos T, células assassinas naturais, monócitos, macrófagos com processo de fagocitose ativo, basófilos e eosinófilos, reforçando assim as defesas imunitárias contra infecções bacterianas e virais.

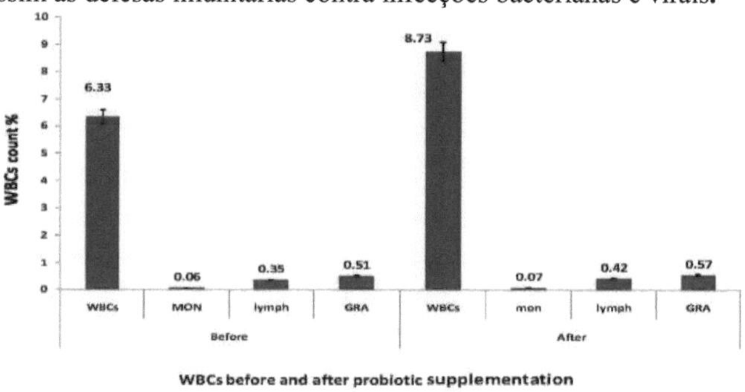

Figura 19: Contagens de leucócitos (WBCs) e tipos diferenciais antes e depois da administração de probióticos.

Contagem das células imunitárias

Como resultado, o aumento das contagens de células $CD3^+$ e $CD56^+$ representou uma prova de que L. acidophilus e Bifidobacterium spp. melhoraram as respostas imunitárias, uma vez que as contagens de células $CD3^+$ e $CD56^+$ aumentaram de 18% para 29% com valores significativos de P. = 0.001* e também as contagens de células $CD56^+$ aumentaram ligeiramente de 29% para 33% com valores de P. significativos = 0,01*, mas apenas as contagens de células $CD3^+$ foram ligeiramente iguais com uma pequena diferença após a administração oral de cápsulas de probióticos em doentes com hepatite C crónica (grupo B), como se mostra nas **Figuras 21,22**

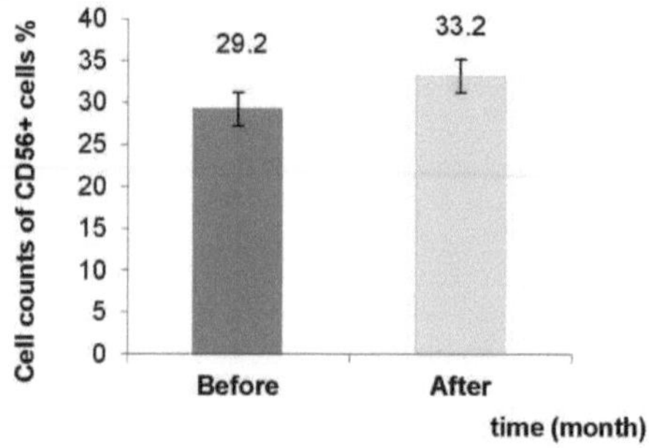

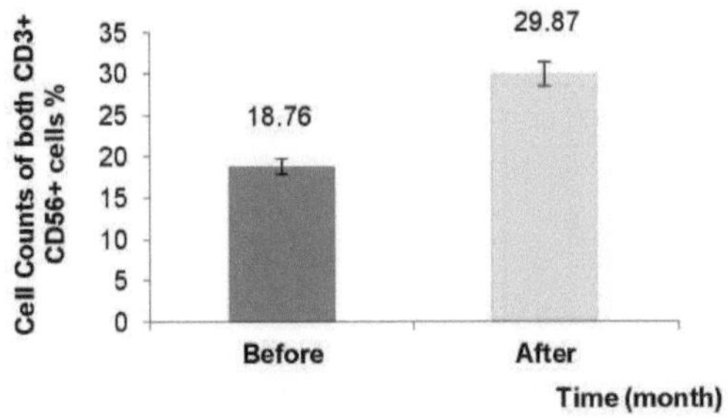

Figure 20: contagens % de células CD56$^+$ e CD3$^+$ no Grupo B de doentes com hepatite C crónica antes e depois da administração oral de probióticos.

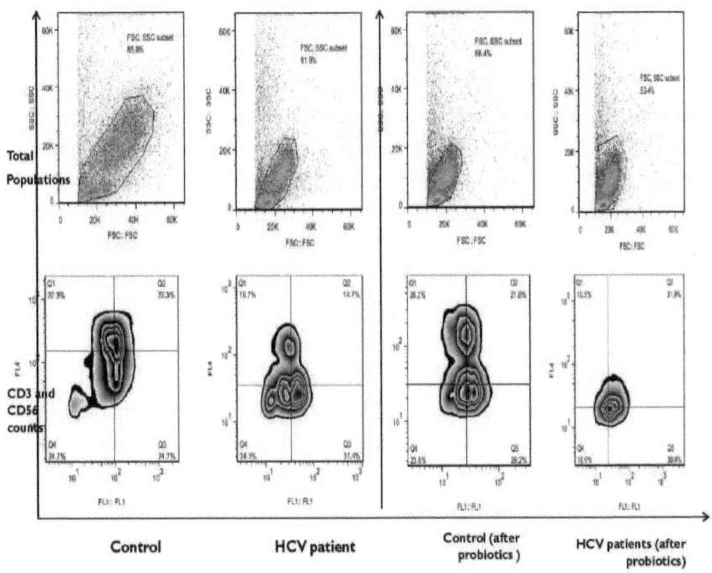

Figura 21: **Análise de fluxo JO da contagem de células CD3$^+$ (FL4) %, contagem de células CD56+ (FL1) e populações totais antes e depois da administração de cápsulas de probióticos, uma por dia, durante um mês antes do IFN-α**

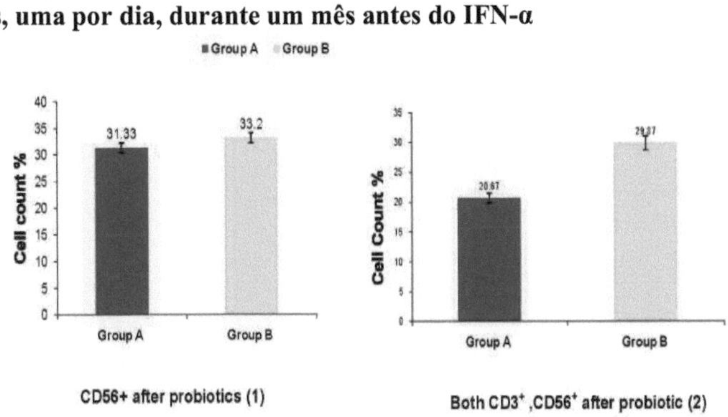

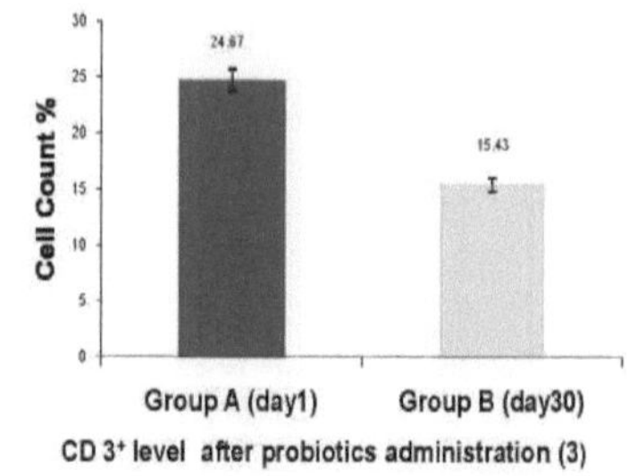

Figura 22: Células CD56+ (1), CD3+ Células CD56+ (2) e CD3+ (3) no grupo (B) de doentes com hepatite C em comparação com o grupo de controlo (A) (pessoas saudáveis) após a toma oral de cápsulas de probióticos durante um mês.

O efeito da cápsula de probióticos na enzima DGAT1.

Os dados dos resultados ilustraram que a concentração da enzima DGAT1 foi reduzida em resultado da administração de cápsulas de probióticos no mesmo grupo B (doentes crónicos com VHC) de 528 para 373 ng/mml, como se mostra na **Figura 23**. Foram observadas mais evidências após três meses dos protocolos de tratamento no grupo (B), a concentração de DGAT1 era cerca de 373 ng/mml inferior à do grupo (C), que era de 1038 ng/mml, com um valor P significativo = 0,05*, como se mostra na **Figura 30**

Por outro lado, o estudo apresentado revelou a correlação entre o nível de DGAT1 e a infeção por HCV, que foi determinada no grupo (C) de doentes tratados apenas com IFN-α e ribavirina sem cápsula de probióticos, enquanto a concentração da enzima DGAT1 aumentou de 624 para 1038 ng/mml, como se mostra na **Figura 24**. Além disso, a comparação entre a sua concentração em indivíduos saudáveis (grupo A) e em doentes crónicos com VHC (grupo B) antes de qualquer tratamento revelou a mesma correlação, uma vez que a concentração de DGAT1 no grupo (A) era 302 ng/mml inferior à sua concentração no grupo (B), que era de 528 ng/mml, como se mostra na **Figura 25**.

Em conclusão, a enzima DGAT1 está envolvida na infeção pelo VHC, uma vez que aumentou em doentes com carga viral elevada e a administração oral de probióticos actua como um inibidor da enzima DGAT1.

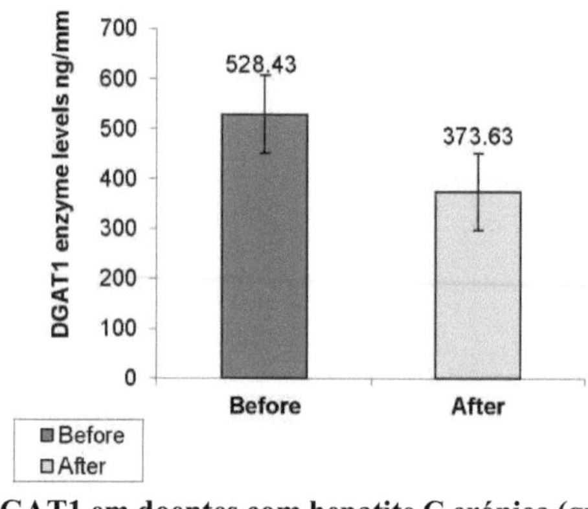

Figura 23: Nível de DGAT1 em doentes com hepatite C crónica (grupo B) antes e depois

do tratamento com cápsulas de probióticos durante um mês, seguido de IFN-α e ribavirina durante 3 meses.

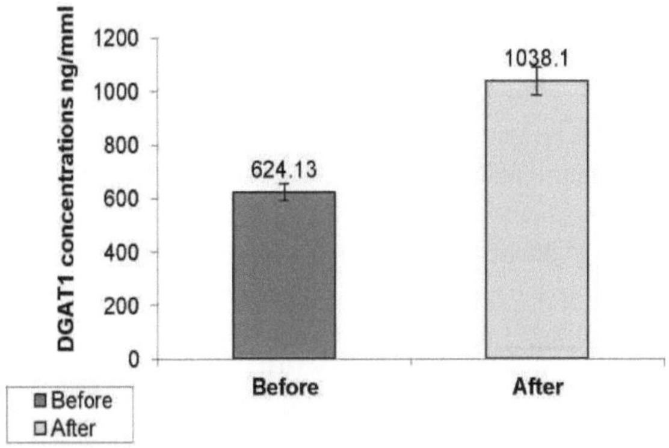

Figura 24: Nível de DGAT1 em doentes com VHC crónico do grupo C antes e depois do tratamento com IFN-α e ribavirina apenas durante 3 meses.

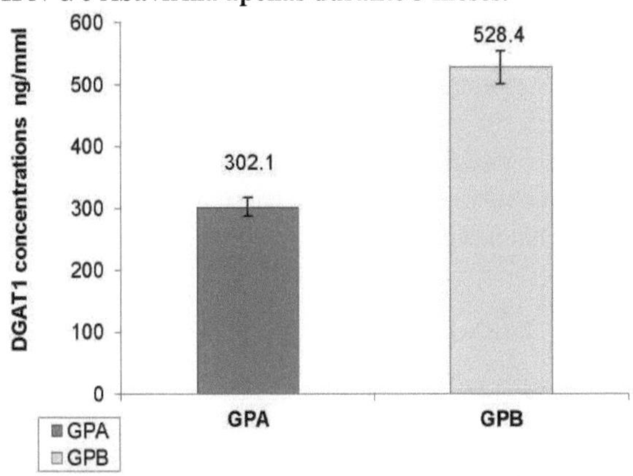

Figura 25: Níveis de DGAT1 no grupo A (indivíduos saudáveis - controlo) em comparação com o grupo B (doentes com hepatite C crónica) antes da administração da cápsula de probióticos.

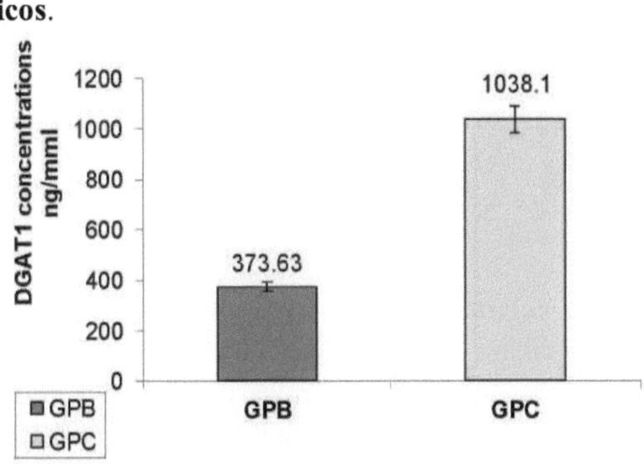

Figura 26: **Níveis de DGAT1 após a administração de probióticos no grupo B (doentes**

com hepatite c crónica tratados com probióticos + IFN-α e ribavirina) em comparação com o grupo C (doentes com hepatite c crónica tratados apenas com IFN-α e ribavirina).

Efeito dos probióticos no perfil lipídico e nas concentrações de enzimas hepáticas.

Este estudo demonstrou que as cápsulas de probióticos reduziram as concentrações do perfil lipídico de colesterol (cols), triglicéridos (TGs), lipoproteínas de baixa densidade (LDL), lipoproteínas de alta densidade (HDL), transaminase glutâmica pirúvica sérica (SGPT), transaminase glutâmica oxaloacética sérica (SGOT) após a administração de probióticos no grupo B, como se mostra na **Figura 27**, A infeção pelo VHC foi reduzida através da diminuição do perfil lipídico, que se incorpora no revestimento das partículas do VHC, o que afecta gravemente a replicação do VHC, como se pode ver na **Figura 15**, que ilustra o papel de reforço dos probióticos na taxa de resposta ao tratamento, refletido no título de carga do VHC do ensaio PCR.

Como resultado, a ausência de probióticos como suplemento nos protocolos de tratamento (tratamento com IFN-α + ribavirina apenas no grupo C) causou um aumento em alguns dos perfis lipídicos após o tratamento, o que evidencia o papel dos probióticos na redução do colesterol e das gotículas de gordura. Além disso, as enzimas hepáticas diminuíram, como se mostra na **Figura 28**.

Em conclusão, as concentrações do perfil lipídico e das enzimas hepáticas foram reduzidas após a administração de probióticos no grupo (B) em comparação com o grupo C, que incluiu probióticos no seu protocolo de tratamento.

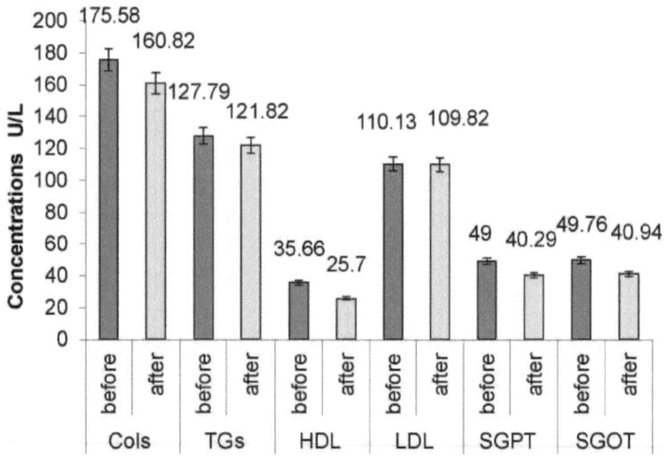

Figura 27: **Perfil lipídico colesterol (cols), triglicéridos (TGs), lipoproteína de baixa densidade (LDL), lipoproteína de alta densidade (HDL), transaminase glutâmica pirúvica sérica (SGPT), transaminase glutâmica oxaloacética sérica (SGOT), antes e depois da administração de probiótico no grupo B (doentes com VHC crónica que foram tratados com probiótico antes do protocolo de interferão).**

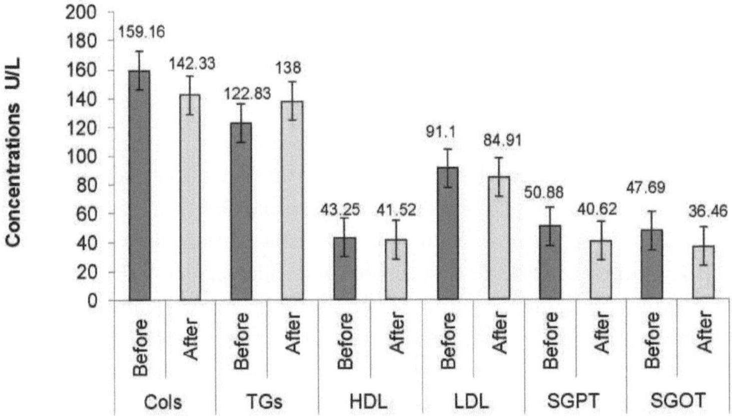

Figura 28: Perfil lipídico colesterol (cols), triglicéridos (TGs), lipoproteína de baixa densidade (LDL), lipoproteína de alta densidade (HDL), transaminase glutâmica pirúvica sérica (SGPT), transaminase glutâmica oxaloacética sérica (SGOT) antes e depois do tratamento apenas com IFN-a no grupo C.

Respostas comportamentais de doentes com VHC crónico

Verificou-se uma redução na maioria dos sintomas e padrões de comportamento anormais, tais como fadiga, perda de apetite, dores musculares ou febre, amarelecimento da pele ou dos olhos (iterícia), inflamação do fígado causada pela reação imunitária ao vírus, níveis de enzimas hepáticas, como sinal de lesão hepática, durante o período de tratamento observado pelo médico especialista; os probióticos indicam um bom suplemento que apoia a função hepática e também o tratamento com interferão contra o VHC crónico, enquanto a terapia com VHC não é adequada para pessoas que sofrem de cirrose grave relacionada com o VHC, submetidas a transplante de órgãos, crianças de <3 anos. O interferão provoca efeitos secundários graves, incluindo ansiedade, irritabilidade, alterações de personalidade, suicídio, depressão ou psicose aguda. Os efeitos secundários da ribavirina incluem anemia, disfunção renal da artéria coronária. A anomalia fetal e a fatalidade são efeitos secundários importantes da ribavirina.

CAPÍTULO 7

Estudo de caso

Discussão

Até à data, os tratamentos da infeção pelo VHC eram especificamente contra o genótipo 1, mas outros grandes indivíduos dos seus genótipos não dispunham de um tratamento eficaz (**Bacon** et al., **2011**). Além disso, as opções terapêuticas padrão eficazes só eram eficazes para 50% dos doentes, especialmente os tratamentos com agentes antivirais directos DAA (**Aghemo e De Francesco, 2013**). Subsequentemente, a infeção do VHC e a sua progressão continuam a evoluir para fibrose, cirrose e terminam em morte (**Kanwal** et al., **2011**). O presente estudo avaliou a cápsula de probióticos que foi prescrita como uma cápsula por dia durante um mês antes do IFN-a e da ribavirina como protocolo de tratamento. Foi uma tentativa positiva, uma vez que aumentou a taxa de resposta ao tratamento dos doentes em 25%, em comparação com os que foram tratados apenas com IFN-α e ribavirina, o que estava de acordo com os dados do resultado do título viral, conforme demonstrado anteriormente.

De acordo com estes dados, a cápsula de probióticos pode ser utilizada como terapia adjuvante com IFN-α e ribavirina ou Sovaldi combinado com IFN-α e ribavirina. Durante este estudo, o mecanismo da atividade antiviral dos probióticos pode ser mediado pelo reforço da resposta imunitária devido a um aumento das contagens de células imunitárias $CD3^+$ (T), $CD56^+$ (NK) coincidindo com o aumento do número total de leucócitos, incluindo monócitos e linfócitos, após a administração oral da cápsula de probióticos. A este respeito, verificou-se em estudos pré-clínicos e clínicos que a administração de probióticos melhorou as defesas imunitárias inatas e adaptativas (**Ye** et al., **2009**), incluindo a fagocitose, a atividade das células NK, a IgG e a IgA (**Doskali** et al., **2011; Tsai** et al., **2012**), bem como a indução de Thl e Th2, tanto em sistemas in vivo como in vitro, mantendo o equilíbrio entre a força da resposta do tipo Th2 e a resposta do tipo Th1. Em consonância com estes estudos sobre o efeito dos probióticos exógenos, foi relatado que os probióticos endógenos (microbiota intestinal) controlam as células assassinas naturais sistémicas (células NKT), os probióticos, incluindo lactobacillus e bifidobacterium spp. aumentaram o nível de expressão da molécula de ativação CD69 em $CD4^+$ (Th) e $CD3^+$ $CD56^+$ (células NKT) (**Hart** et al., **2003**). Além disso, os probióticos foram considerados pela FDA como produtos biológicos (**Degnan, 2008**) que protegem e apoiam o fígado e a função imunitária (**Gratz** et al., **2010**).

Foi estabelecido que os doentes crónicos com VHC estão imunocomprometidos, uma vez que a infeção viral provoca vários sintomas ao longo do tempo relacionados com a gravidade da infeção e a progressão da doença. Posteriormente, neste estudo, os doentes imunocomprometidos eram susceptíveis às infecções bacterianas secundárias. Os dados dos resultados demonstraram que as infecções bacterianas secundárias mais comuns associadas a doentes crónicos com VHC eram (S.lentus, S. aureus, K. pneumonia, P. aeruginosa e E.coli). A identificação bioquímica com o sistema VITEK 2 foi utilizada como uma técnica automatizada precisa para identificar os agentes patogénicos isolados. Isto foi consistente com estudos anteriores (**Carrion** et al., **2009; Jalan** et al., **2014**) que mostraram que as espécies E. coli, Klebsiella e Enterobacteriaceae eram as bactérias patogénicas mais comuns em doentes com infeção crónica por HCV. As contagens bacterianas e o número de pacientes infectados com bactérias reduziram-se notavelmente em resposta à administração oral de cápsulas de probióticos.

A carga bacteriana Gram positiva foi reduzida em 43,2% e em 76% nas bactérias Gram negativas, e também o número de pacientes infectados foi reduzido em 60%.

Como esperado, o grupo de pessoas saudáveis (controlo) não apresentou crescimento bacteriano em ambos os meios. Isto estava de acordo com estudos anteriores que detectaram a atividade antibacteriana de Lactobacilli e Bifidobacterium in vitro contra agentes patogénicos comuns, como *Salmonella typhimurium, E.coli* e *S. aureus* **(Hutt** et al.**, 2006; Sikorska e Smoragiewicz, 2013; Hor e Liong, 2014)**.

Um dos objectivos deste estudo foi investigar se o tratamento com probióticos poderia melhorar a resposta imunitária através do aumento do número de células imunitárias $CD3^+$ e $CD56^+$ como respostas imunitárias inatas e adaptativas que podem apoiar a atividade antiviral e antibacteriana. Outro objetivo era investigar os efeitos antibacterianos dos probióticos sobre a carga de bactérias patogénicas, incluindo bactérias G+ve e G-ve, como
Além disso, os mecanismos de ação dos probióticos são antivirais e antibacterianos e são apresentados no **quadro 1**.

The present study revealed that isolated pathogenic bacteria showed resistance against common used antibiotics especially P. aeruginosa and S. aureus strain number 2., L. acidophillus mostrou atividade antibacteriana, bem como os antibióticos Vancomicina e piperaclina contra E. coli e P. aeruginosa e o mesmo que os antibióticos; cloranfenicol, tetraciclina, ácido nalidíxico, desoxiciclina, ampicilina sulbactam, cefuroxima contra S. aureus. No mesmo contexto, **Shokryazdan** et al**. (2014)** ilustraram o mecanismo da atividade antibacteriana de estirpes de Lactobacillus. A atividade foi correlacionada com a produção de metabolitos como os ácidos lático e acético e que reduziram o pH. No mesmo contexto**, Reis (2012)** explicou a atividade antibacteriana através da presença de ácido acético, ácido lático, ácidos orgânicos, peróxido de hidrogénio, diacetilo, fenóis e bacteriocinas utilizando GC-Mass.

Hepatite C aguda seguida de infeção crónica. Os títulos de ARN do VHC diminuem 2-3 log10 após a fase aguda da hepatite C e permanecem relativamente estáveis na fase crónica, como se mostra na **página 27, Figura 8**. O presente estudo revelou que o tratamento com L. acidophilus e Bifidobacterium spp, induziu actividades antivirais e antibacterianas através de alguns metabolitos probióticos e aumentou as defesas imunitárias como as contagens de glóbulos brancos (WBCs) (monócitos, linfócitos e granulócitos) que aumentaram após a administração de cápsulas probióticas no grupo B de 6% até 8% e também as contagens de ambas as células $CD3^+$ e $CD56^+$ aumentaram de 18% até 29% com valores significativos de P. = 0,001* e também as contagens de células $CD56^+$ aumentaram de 29% para 33% com valores significativos de P. = 0,01*, enquanto no mesmo contexto o controlo da replicação viral primária aguda foi associado à expansão das células T $CD4^+$ (helper) e $CD8^+$ (citotóxicas) antivirais **(Janssen** et al**, 2003)**, uma vez que a memória imunológica conferida pela resolução espontânea da hepatite C aguda não protege contra a reinfeção, mas reduz substancialmente o risco de persistência em caso de reexposição.

Posteriormente, os doentes imunocomprometidos evoluíram para fibroses, seguidas de cirrose e, por fim, CHC e morte. Ao longo de todas estas fases, foram observadas várias alterações bioquímicas, incluindo a diminuição da albumina, o aumento das enzimas hepáticas, disfunção hepática, disfunção imunitária, diarreia, dificuldades respiratórias e digestivas **(Chen e Morgan, 2006)**. Como resultado desta disfunção, surgiram vários outros efeitos secundários relacionados com infecções bacterianas secundárias ou com o tratamento utilizado.

Por outro lado, **Roingeard e Hourioux (2008)** ilustraram o papel das gotículas de gordura na replicação da partícula do VHC, que estava envolvida na estrutura do revestimento lipoproteico que envolve a partícula viral, proporcionando uma proteção contra as respostas imunitárias. Mais notavelmente, a acumulação de gotículas lipídicas nos hepatócitos foi considerada como uma caraterística patológica da infeção pelo vírus da hepatite C **(Shimizu** et al., **2011)**. As partículas de vírus no soro dos doentes também revelaram que o vírus é altamente heterogéneo em termos de densidade devido à associação com as lipoproteínas do hospedeiro **(Thomssen** et al., **1993; Burlone e Budkowska, 2009)**.

A associação de lipoproteínas com a partícula do vírus, quer a partir de soro humano, quer a partir de partículas desenvolvidas a partir de células de hepatoma em cultura celular, revelou partículas de vírus que têm tanto partes de viriões típicos como partes mais semelhantes às lipoproteínas do hospedeiro. A associação física dos componentes do VHC com lipoproteínas e lípidos intracelulares desempenha um papel fundamental ao longo do ciclo de vida do VHC. A replicação do VHC requer numerosos factores envolvidos no metabolismo dos lípidos e a montagem e produção do VHC depende de elementos da montagem das VLDL. A infeção crónica pelo VHC está associada a uma homeostase lipídica desregulada que favorece a acumulação de triglicéridos no fígado **(Rubbia-Brandt** et al., **2000; Serfaty** et al., **2001)**.

Uma tentativa de encontrar uma solução através deste estudo, os probióticos regularam a formação de gotículas de gordura e reduziram a sua concentração de 160 U/L para 142 U/L, por exemplo, o que, no mesmo contexto de estudos anteriores que mostraram o efeito de redução dos probióticos nas gotículas de gordura **(Ooi e Liong, 2010)**, no mesmo contexto, **Felmlee** et al. **(2013)** indicaram o papel eficaz dos probióticos na redução do perfil lipídico hepático, incluindo colesterol, triglicéridos, LDL e HDL. Subsequentemente, a replicação do VHC foi reduzida. Além disso, a sua atividade antibacteriana e o seu papel de melhoria das respostas imunitárias, a cápsula de probióticos envolvida neste estudo era uma combinação de L. acidophillus e Bifidobacterium spp. com cerca de 1,5 mil milhões de células CFU/ML e, de acordo com o que é mencionado na embalagem da cápsula relativamente à sua dosagem, os doentes crónicos com VHC administraram-na diariamente durante 30 dias antes de qualquer medicação viral e sob a supervisão do médico especialista que a prescreveu para obter melhores resultados.

A estreita relação entre os lípidos do hospedeiro e o ciclo de vida do VHC gera oportunidades de novas opções terapêuticas que visam a regulação dos lípidos. Vários agentes moduladores dos lípidos, que foram inicialmente testados pelos seus papéis cardioprotectores, podem aumentar a eficácia das terapias antivirais, como os medicamentos sensibilizadores da insulina e as estatinas. A administração de estatinas isoladamente conduz a efeitos contraditórios na carga viral do VHC (**Bader** et al., **2008**). No entanto, a combinação de estatinas com IFN-α isoladamente ou com IFN-a e ribavirina mostrou um forte efeito sinérgico (**Sezaki** et al., **2009**). Outras estratégias estavam a ser investigadas em ensaios clínicos.

Como mencionado anteriormente, a composição das lipoproteínas circulantes do hospedeiro foi afetada diretamente pelo VHC. Estas lipoproteínas alteradas induzem mudanças no metabolismo lipídico dos macrófagos derivados de monócitos (**Owen** et al., **2009**). Entre as apolipoproteínas, especialmente a apoE, que desempenha um papel importante na montagem do VHC (**Cun** et al., **2010**), a depleção de grandes partículas de HDL, fornecendo evidências clínicas de que as lipoproteínas do VHC e do hospedeiro foram influenciadas Do mesmo modo, observou-se um aumento dos níveis de triglicéridos hepáticos nos hepatócitos de doentes com VHC crónico.

Sobre este ponto, **Turchetto-Zolet** et al. **(2011)** introduziram uma evidência do papel importante da Acyl COA, enzima Diacyglycerol acyl transferase (DGAT1), que está envolvida no último passo comprometido da biossíntese lipídica.

A enzima acil COA, Diacyglycerol acyl transferase, era necessária para que as partículas do VHC pudessem infetar as células hepáticas, uma vez que esta enzima estava ligada à gordura armazenada no fígado e era também considerada o fator-chave na infeção pelo VHC. Além disso, verificou-se que a infeção pelo VHC e a produção viral eram gravemente prejudicadas nas células hepáticas que não tinham atividade DGAT 1. O processo de atividade da DGAT1 teve lugar no interior da célula hepática, onde as gotículas de destino são armazenadas, enquanto esta enzima ajudou à formação destas gotículas. A proteína do núcleo do vírus é a parte que reage com a enzima para provocar a replicação de um novo vírus (**Camus** et al. **2013**).

Havia um equilíbrio entre a quantidade de núcleo na superfície das gotículas lipídicas LDs e a produção de vírus (**Boulant** et al., **2007**). Este processo ativo foi mediado pela interação entre a diacilglicerol aciltransferase-1 (DGAT-1) e o núcleo do VHC (**Shavinskaya** et al., **2007**). O núcleo é direcionado para os LDs. A sua ausência ou inibição leva à inibição da montagem e produção viral (**Herker** et al., **2010**). De acordo com evidências anteriores relacionadas com o efeito redutor dos probióticos no perfil lipídico, incluindo colesterol e triglicéridos, e outras evidências da formação de gotículas de gordura pela DGAT1.

Este estudo foi concebido para investigar um novo inibidor da enzima DGAT1 e foi a administração de cápsulas probióticas que mostrou uma redução do nível da enzima DGAT1 de 528 ng/mml para 373 ng/mml e também a ligeira redução das enzimas hepáticas de 40 ± 20 para 36 ± 16 U/L.

Este estudo clínico acrescentou mais uma evidência associada ao papel da enzima DGAT1 na replicação das partículas do VHC, uma vez que o seu nível em doentes crónicos com VHC era superior ao seu nível em indivíduos saudáveis. No mesmo contexto, recentemente, as empresas farmacêuticas já estão a desenvolver inibidores da DGAT1 e estes podem ser úteis como tratamento da hepatite C num futuro próximo (**DeVita e Pinto, 2013**).

Estudos anteriores mostraram que a administração de um inibidor potente e seletivo da DGAT1 produziu uma perda de peso sustentada e reduções significativas nas concentrações de triglicéridos hepáticos em ratos com obesidade induzida por dieta **(Ables** et al., **2012).** Outros estudos demonstraram que a inibição da enzima Diacilglicerol aciltransferase-1 reduz os triglicéridos séricos no rato gordo Zucker e no hamster hiperlipidémico **(Schober** et al., **2013).** A inibição da DGAT1 pode ser uma estratégia terapêutica eficaz para a obesidade, uma vez que provoca a redução das gotículas de lípidos **(Chen e Farese, 2005).**

Em conclusão, foi demonstrado que, na presença de um nível elevado de gotículas de gordura, a taxa de resposta ao tratamento de doentes com VHC crónico ao tratamento com IFN-α e ribavirina era inferior à taxa de resposta dos doentes com VHC crónico que tomaram cápsulas de probióticos. Por outro lado, L. acidophillus e Bifidobacterium spp. aumentaram a taxa de resposta ao tratamento através da redução da formação de gotículas de gordura, o que reforçou o efeito antiviral do tratamento com IFN-α e ribavirina e outras terapias combinadas com IFN-α, como o Sovaldi®, e constituiu um novo destino para a redução da gravidade da hepatite C, que actua basicamente na estrutura das partículas do VHC, como o seu revestimento lipoprotiénico e o processo de replicação, para além do seu papel como agente antibacteriano e estimulador imunitário.

CAPÍTULO 8

Conclusão e recomendação

Em conclusão, o vírus da hepatite C (VHC) é uma das principais causas da patogénese da doença hepática, que é tratada com uma terapia à base de IFN e, recentemente, com Sovaldi. É necessário explorar novos medicamentos ou terapias adjuvantes que possam aumentar a eficácia e reduzir a toxicidade associada a estas terapias. Os probióticos são a terapêutica natural mais comum que pode melhorar a disfunção hepática.

Os probióticos (L.acidophillus e B.bifidum) têm atividade antibacteriana e antiviral como suplemento de apoio ao tratamento principal da hepatite C, como o IFN-α e a ribavirina, ao mesmo tempo que aumentam a taxa de resposta do tratamento. Os probióticos melhoraram as respostas imunitárias contra as infecções bacterianas secundárias associadas a doentes com hepatite C crónica e contra a infeção viral. A segurança e a naturalidade destas bactérias amigáveis tornaram-nas um bom suplemento seguro para os doentes que sofrem de sintomas em série relacionados com a inflamação e os efeitos secundários do IFN-α e da ribavirina. Finalmente, recomenda-se vivamente a prescrição de probióticos como parte vital de um protocolo de tratamento bem sucedido. A utilização do DGAT1 como novo indicador da infeção por hepatite C é considerada um desafio para os cientistas encontrarem terapias naturais de baixo custo e eficazes ao mesmo tempo. O DGAT1 é uma das portas que deve ser aberta para mais pesquisas relacionadas com as terapias do VHC.

CAPÍTULO 9

Referências:

Aghemo, A. e De Francesco, R., 2013. Novos horizontes na terapia antiviral da hepatite C com antivirais de ação direta. *Hepatology,* 58(1), pp.428-438.

Alter, M.J., 2011. Rotas de transmissão do VHC: What goes around comes around. *Seminários em Doenças do Fígado*, 31(4), pp.340-346.

Arrieta, J.J., 2000. Deteção da replicação do vírus da hepatite C por hibridação in situ em células epiteliais de pacientes positivos para o vírus da hepatite C com e sem líquen plano oral. *Hepatology (Baltimore, Md.)*, 32(1), pp.97-103.

A.Y. Tamime, M., Saarela, A., Korslund S0ndergaard, V.V., Mistry, N.P., 2005. Produção e Manutenção da Viabilidade de Micro-Organismos Probióticos em Produtos Lácteos. In: Probiotic Dairy Products, A.Y. Tamime (Ed.), Blackwell Publishing, Oxford, UK (2005) pp. 44-51

Allain, C. e Poon, L., 1974. Enzymatic Determination of Total Serum Cholesterol (Determinação enzimática do colesterol sérico total). *Química Clínica*, 20(4), pp.470-475.

Anjum, N., 2014. Lactobacillus acidophilus: caraterização da espécie e aplicação na produção de alimentos. *Revisões críticas em ciência alimentar e nutrição*, 54(9), pp.1241-51.

Awaisheh, S.S., 2013. Efeito da suplementação de probióticos e fitoesteróis isoladamente ou em combinação nos perfis lipídicos séricos e hepáticos e nas hormonas da tiroide de ratos hipercolesterolémicos. *Journal of dairy science*, 96(1), pp.9-15.

Angelakis, E., 2011. Identificação rápida e exacta de bactérias em probióticos e iogurtes por espetrometria de massa MALDI-TOF. *Jornal de Ciência Alimentar*, 76(8), pp.568-572.

Ashraf, R. e Shah, N.P., 2013. Estimulação do sistema imunitário por microrganismos probióticos. *Revisões críticas em ciência alimentar e nutrição,* 54 (7), pp.938956.

Ables, G. P.; Yang, K. J. Z.; Vogel, S; Hernandez-Ono, A.; Yu, S.; Yuen, J. J.; Birtles, S., 2012. "A deficiência intestinal de DGAT1 reduz as excursões pós-prandiais de triglicerídeos e ésteres de retinil, inibindo a secreção de quilomícrons e retardando o esvaziamento gástrico". *The Journal of Lipid Research 53* (11): 2364-79.

Buck, B.L., Azcarate-Peril, M.A. e Klaenhammer, T.R., 2009. Papel do autoindutor-2 na capacidade de adesão de Lactobacillus acidophilus. *Journal of Applied* Microbiology, 107(1), pp. 269-279.

Barry, A.L.; Coyle, M.B.; Thornsberry, C.; Gerlach, E. H.; e Hawkinsons, R.W., 1979. Métodos de medição das zonas de inibição com o teste de suscetibilidade do disco de Bauer-Kirby. Journal of Clinical Microbiology, 10(6), pp.885-889.

Bacon, B.R.; Stuart C.; Gordon, M.D.; Eric Lawitz, M.D.; Patrick Marcellin, M.D.; John M.; Vierling, M.D.; Stefan Zeuzem, M.D.; Fred Poordad, M.D.; Zachary D., 2011. Boceprevir para a infeção crónica pelo genótipo 1 do VHC previamente tratada. *The New England journal of medicine*, 364(13), pp.1207-1217.

Burlone, M.E. e Budkowska, A., 2009. Entrada de células do vírus da hepatite C: Role of lipoproteins and cellular receptors. *Journal of General Virology*, 90(5), pp.10551070.

Burlone, M.E. e Budkowska, A., 2009. Entrada de células do vírus da hepatite C: Role of lipoproteins and cellular receptors. *Journal of General Virology*, 90(5), pp. 10551070.

Brass, V., Moradpour, D. e Blum, H.E., 2006. Virologia molecular do vírus da hepatite C (VHC): Atualização de 2006. *International Journal ofMedical Sciences*, 3(2), pp. 29-34.

Benga, W.J.; Krieger, S.E.; Dimitrova, M.; Zeisel, M.B.; Parnot, M.; Lupberger, J.; Hildt, E.; Luo, G.; McLauchlan, J.; Baumert, T.F., 2010. A apolipoproteína E interage com a proteína não estrutural 5A do vírus da hepatite C e determina a montagem de partículas infecciosas. Hepatologia, 51, 43-53.

Bowen, D.G. e Walker, C.M., 2005. Adaptive immune responses in acute and chronic hepatitis C virus infection (Respostas imunitárias adaptativas na infeção aguda e crónica pelo vírus da hepatite C). Nature, 436(18), pp. 946-952.

Bruns, D.E.; Savory, J.; Titheradge, A.C.; Cross, R.E., e Wills, M.R., 1981. Evaluation of the IFCC-recommended procedure for serum aspartate aminotransferase as modified for use with the centrifugal analyzer. Química Clínica, 27(1), pp.156-159

Belletti, N., 2009. Antibiotic resistance of lactobacilli isolated from two italian hard cheeses. Jornal de proteção alimentar, 72(10), pp. 2162-2169.

Borriello, S.P., 2003. Safety of probiotics that contain lactobacilli or bifidobacteria (Segurança dos probióticos que contêm lactobacilos ou bifidobactérias). Clinical infectious diseases : an official publication of the Infectious Diseases Society of America, 36(março 2002), pp.775-780.

Bermudez-Brito, M., 2012. Mecanismos de ação dos probióticos. Anais de Nutrição e Metabolismo, 61(2), pp.160-74.

Benga, W.J., 2010. A apolipoproteína E interage com a proteína não estrutural 5A do vírus da hepatite C e determina a montagem de partículas infecciosas. Hepatologia, 51(1), pp.43-53.

Bader, T., 2008. A fluvastatina inibe a replicação da hepatite C em humanos. Jornal Americano de Gastroenterologia, 103(6), pp.1383-1389.

Boulant, S., Targett-Adams, P. e McLauchlan, J., 2007. A perturbação da associação da proteína central do vírus da hepatite C com gotículas lipídicas está correlacionada com uma perda de produção de vírus infecciosos. Journal of General Virology, 88(8), pp. 2204-2213.

Chevaliez, S.e Pawlotsky, J.M., 2006. Testes serológicos e virológicos do vírus da hepatite C e diagnóstico clínico da doença hepática relacionada com o VHC. Revista Internacional de *Ciências Médicas,* 3(2), pp. 35-40.

Craxi, A., Laffi, G. e Zignego, A.L., 2008. Infeção pelo vírus da hepatite C (HCV): Uma doença sistémica. *Aspectos Moleculares da Medicina*, 29(1-2), pp. 85-95.

Czul, F., Peyton, A. e Levy, C., 2013. Cirrose Biliar Primária. Avanços terapêuticos. *Clínicas em Doenças do Fígado*, 17(2), pp. 229-242.

Cheruvattath, R. e Balan, V., 2007. Infections in Patients with End-stage Liver Disease (Infecções em pacientes com doença hepática terminal). *Jornal de gastroenterologia* *clínica*, 41(4), pp. 403-11

Carbone, M.; Arduino, PG.; Carrozzo, M.; 2009. Curso do líquen plano oral: um estudo retrospetivo de 808 pacientes do norte da Itália. *Oral* Diseases, Abr. 15(3):235- 43.

Cox, AL., Netski, DM., Mosbruger, T., 2005. Avaliação prospetiva da infeção pelo vírus da hepatite C em fase aguda adquirida na comunidade. Clin Infect Diseases; 40:951-8.

Cox, AL.; Mosbruger, T.; Lauer, GM.; Pardoll, D.; Thomas, DL.; Ray, SC., 2005. Comprehensive analyses of CD8+ T cell responses during longitudinal study of acute human hepatitis C. Hepatology; 42:104-12.

Corzo, G. e Gilliland, S.E., 1999. Medição da atividade da hidrolase de sais biliares de Lactobacillus acidophilus com base no desaparecimento de sais biliares conjugados. *Journal of dairy science*, 82(3), pp.466-471

Cao, J., 2011. Direcionar a acil-CoA:Diacilglicerol Aciltransferase 1 (DGAT1) com inibidores de pequenas moléculas para o tratamento de doenças metabólicas. *Jornal de Química Biológica*, 286 (48), pp. 41838-41851.

Carrion, J.A., 2009. A terapia antiviral aumenta o risco de infecções bacterianas em pacientes cirróticos infectados com VHC que aguardam transplante de fígado: Um estudo retrospetivo. *Jornal de Hepatologia,* 50, pp. 719-728.

Chen, H.C. e Farese, R. V., 2005. A inibição da síntese de triglicéridos como estratégia de tratamento da obesidade: Lessons from DGAT1-deficient mice. *Arteriosclerosis, Thrombosis, and Vascular Biology*, 25(3), pp. 482-486.

Chen, S.L. e Morgan, T.R., 2006. A história natural da infeção pelo vírus da hepatite C (VHC). *Revista internacional de ciências médicas*, 3, pp. 47-52.

Cun, W., Jiang, J., e Luo, G., 2010. "O domínio alfa-hélice terminal C da apolipoproteína E é necessário para a interação com a proteína não estrutural 5A e a montagem do vírus da hepatite C". *Journal of Virology* 84 (21): 11532-41.

Camus; Gregory; Herker, E.; Modi, A. A.; Haas, J. T.; Ramage, H. R.; Farese, R.V. e Melanie Ott., 2013. "Diacilglicerol Aciltransferase-1 localiza a proteína NS5A do vírus da hepatite C em gotículas de lipídios e aumenta a interação de NS5A com o núcleo do capsídeo viral." *Journal ofBiological Chemistry* 288 (14): 9915-23.

Caruntu, Alexandru, F., e Benea, L., 2006. "Peritonite bacteriana espontânea: Pathogenesis, Diagnosis, Treatment". *Journal of Gastrointestinal and Liver* Diseases: JGLD 15 (1): 51-56.

Campisi, G., Fedele, S.; Russo, L. L.; Fede, O. D.; P Arico, a Craxi, e M D Mignogna. 2004. "Infeção por HCV e líquen plano oral: Uma associação fraca quando o HCV é endémico". *Journal of Viral Hepatitis* 11 (5): 465-470.

Dore, G.J., Ward, J. e Thursz, M., 2014. Carga da doença da hepatite C e estratégias para gerenciar a carga (Editores convidados Mark Thursz, Gregory Dore e John Ward). *Journal of viral hepatitis*, 21 Suppl 1, pp.1-4.

Difico, Zimbro, M. J.; David A.; Power; Miller, S. M.; Wilson, G. E.; Johnson, J. A., 1977. Manual, Nutrient agar, Difco & BBL Manual (PDF) (2ª ed.). Becton Dickinson and Company. p. 6.

De Man, J.C., Rogosa, M. e Sharpe, M.E., 1960. A Medium for the Cultivation of Lactobacilli

(Um meio para a cultura de lactobacilos). *Jornal de Bacteriologia Aplicada,* 23(1), pp.130-135

Della Chiesa, M., 2014. Resposta das células NK humanas aos agentes patogénicos. *Seminários em Imunologia*, 26(2), pp. 152-160.

De Keersmaecker, S.C.J., 2006. A forte atividade antimicrobiana de Lactobacillus rhamnosus GG contra Salmonella typhimurium deve-se à acumulação de ácido lático. *FEMS Microbiology Letters*, 259(1), pp. 89-96.

De Maria, A., 2007. Aumento da expressão do recetor de citotoxicidade natural e produção relevante de IL-10 em células NK de doentes com VHC virémico cronicamente infectados. *Jornal Europeu de Imunologia*, 37, pp. 445-455.

D'Souza, A.L., 2002. Probiotics in prevention of antibiotic associated diarrhoea: metaanalysis (Probióticos na prevenção de diarreia associada a antibióticos: metaanálise). *British Medical Journal (BMJ),* 324 (7350), p. 1361.

DeVita, R.J. e Pinto, S., 2013. Estado atual da investigação e desenvolvimento de inibidores da diacilglicerol O-aciltransferase 1 (DGAT1). Jornal de Química Medicinal, 56 (24), pp. 9820-5.

De Roos, N.M. e Katan, M.B., 2000. Effects of probiotic bacteria on diarrhea, lipid metabolism, and carcinogenesis: A review of papers published between 1988 and 1998. *American Journal of Clinical Nutrition*, 71(2), pp. 405-411.

Degnan, F.H., 2008. A Food and Drug Administration dos EUA e os probióticos: categorização regulamentar. Clinical infectious diseases : an official publication of the Infectious *Diseases Society ofAmerica*, 46 Suppl 2, pp.S133-S136; discussão, pp. 144-151.

Doskali, M., 2011. Possibilidade de imunoterapia adotiva com células CD3$^-$ CD56+ e CD3+CD56+ derivadas de sangue periférico para induzir carcinoma anti-hepatocelular e atividade anti-vírus da hepatite C. Journal of immunotherapy (Hagerstown, Md. : 1997), 34(2), pp. 129-138.

Donohue, D.C., 2006. Segurança dos probióticos. Revista de Nutrição Clínica da Ásia-Pacífico, 15(4), pp.563-9.

Engvall, E. e Perlmann, P., 1971. Enzyme-linked immunosorbent assay (ELISA) quantitative assay of immunoglobulin G. Immunochemistry, 8 (9), pp. 871-874.

Edlich, B., Ahlenstiel, G. e Zabaleta, A., 2012. Alterações precoces na sinalização do interferão definem a resposta das células assassinas naturais e a refractariedade à terapia baseada no interferão em doentes com hepatite C. Hepatology, pp. 39-48.

Ejtahed, H.S., 2011. Efeito do iogurte probiótico contendo Lactobacillus acidophilus e Bifidobacterium lactis no perfil lipídico em indivíduos com diabetes mellitus tipo 2. Journal of dairy science, 94(7), pp. 3288-3294.

Forner, A., Llovet, J.M. e Bruix, J., 2012. Carcinoma hepatocelular. Lancet, 379 (9822), pp.1245-55.

Ferreira-Gonzalez, A. e Shiffman, M.L., 2004. Utilização de testes de diagnóstico na gestão da infeção pelo vírus da hepatite C. Seminars in liver disease, 24 Suppl 2 (212), pp. 9-18.

Ferreira, A.O., 2013. Peritonite bacteriana espontânea por Brucella num doente cirrótico. Relatos de Casos, 2013 (abr05 1), pp.bcr2013008629-bcr2013008629.

Farnik, H. e Zeuzem, S., 2012. Novas terapias antivirais no tratamento da infeção pelo VHC. Antiviral Therapy, 17(5), pp.771-783.

Funke, G., **e Funke-Kissling, P.,** 1998. Avaliação do sistema VITEK 2 para a identificação rápida de bastonetes gram-negativos de importância médica. Jornal de Microbiologia Clínica, 36 (7), pp.1948-1952.

Farese R.V. Jr., Cases, S., Smith, S.J., 2000. Triglyceride synthesis: Insights from the cloning of diacylglycerol acyltransferase. Curr Opin Lipidol.11, pp.229-234

Fedorak, R.N. e Madsen, K.L., 2004. Probiotics and the management of inflammatory bowel disease (Probióticos e a gestão da doença inflamatória intestinal). Inflammatory bowel diseases, 10(3), pp.286-299.

Felmlee, Daniel, J.; Hafirassou, M. L.; Lefevre, M.; Baumert, T. F. e Schuster, C., 2013. "Vírus da hepatite C, colesterol e lipoproteínas - impacto no ciclo de vida viral e na patogênese da doença hepática". *Viruses* 5 (5): 1292-1324.

Foligne, B.; Daniel, C. e Pot, B., 2013. Probióticos da investigação ao mercado: As possibilidades, os riscos e os desafios. *Opinião Atual em Microbiologia*, 16 (3), pp.284292.

Gram, C., 1884. Coloração de Gram. *Fortschritte der Medicin*, 2, pp.185-189.

Gines, P. e Schrier, R.W., 2009. Renal Failure in Cirrhosis (Insuficiência renal na cirrose). *New England Journal of Medicine*, 361(13), pp. 1279 - 1290.

Georgel, P., 2010. Interacções vírus-hospedeiro na infeção pelo vírus da hepatite C: implicações para a patogénese molecular e estratégias antivirais. *Tendências em Medicina Molecular*, 16 (6), pp.277-286.

Garcia-Tsao, G., 2005. Infecções bacterianas na cirrose: tratamento e profilaxia. *Journal of Hepatology*, 42 Suppl(1), pp.S85-92.

Grakoui, A., 2003. HCV persistence and immune evasion in the absence of memory T cell help. *Science (Nova Iorque, N.Y.)*, 302(5645), pp.659-662.

Gerlach, J.T., 1999. Recorrência do vírus da hepatite C após perda da resposta das células T CD4(+) específicas do vírus na hepatite C aguda. *Gastroenterology*, 117(4), pp.933-41.

Gupta, V. e Garg, R., 2009. Probiotics. *Indian Journal of Medical Microbiology*, 27(3), p.202.

Gane, E.J.; M.D.; Catherine, A.; Stedman, M.B.; Ch.B.; Ph.D.; Robert, H. H.; D.Phil.; Ding, X.; Ph.D.; Svarovskaia, E.; Ph.D.; William, T.; Symonds, P.D.; .2013. Inibidor de nucleotídeo polimerase sofosbuvir mais ribavirina para hepatite C. *O jornal de medicina da Nova Inglaterra*, 368, pp. 34-44

Gupta, V. e Garg, R., 2009. Probiotics. *Indian Journal of Medical Microbiology*, 27(3), p.202.

Goel, A., Gupta, M. e Aggarwal, R., 2014. Microbiota intestinal e doença hepática. *Journal of gastroenterology and hepatology*, 29 (6), pp.1139-48.

Gratz, S.W., Mykkanen, H. e El-Nezami, H.S., 2010. Probióticos e saúde intestinal: Um foco especial nas doenças do fígado. *Jornal Mundial de Gastroenterologia*, 16 (4), pp.403410.

Goel, A., Gupta, M. e Aggarwal, R., 2014. Microbiota intestinal e doença hepática. *Journal of gastroenterology and hepatology*, 29 (6), pp.1139-48.

Ghaffar, Abdel, T. Y.; Naghy, S. E.; Sebaie, H. E.; Monaiery, M. E.; e Ghaffar, A. Y. A.; 2009. "Interferão Alfa Peguilado 2B mais Ribavirina no Tratamento da Infeção pelo Genótipo 4 do VHC". *Indian Journal of Pediatrics* 76 (9): 895-98.

Huys, G., Vandenplas, Y., Daubec, G., 2006. Exatidão da identidade das espécies de culturas bacterianas comerciais destinadas a utilização probiótica ou nutricional. *Investigação em Microbiologia*, 157(9), pp.803-810.

Harris, K., Kassis, A., Major, G., e Chou C. J., 2012. Será a microbiota intestinal um novo fator que contribui para a obesidade e os seus distúrbios metabólicos? Journal of Obesity, ID 879151, pp 1-14

Huang, J., b., Tsengc, C.; Liaoa, M.; Lud, S.; Yeha, W.; Sakamotoe, N.; Chenb C. e Cheng, J, 2013. A replicação do vírus da hepatite C é modulada pela interação da proteína não estrutural NS5B e da sintase de ácidos gordos. Jornal de virologia, 87(9), pp. 4994-5004

Hanafiah, M., Groeger, J., Flaxman, A. D., e Wiersma, S. T., 2013. Epidemiologia global da infeção pelo vírus da hepatite C: novas estimativas de anticorpos específicos por idade para a seroprevalência do VHC. Hepatology (Baltimore, Md.), 57 (4), pp.1333-42.

Hart, A., 2003. Bactérias Probióticas Induzem a Maturação e Modulam a Produção de Citocinas por Células Dendríticas Humanas. Digestive Disease Week Abstracts and Itinerary Planner, 2003, p.M1246.

Herker, E.; Harris, C.; Hernandez, C.; Carpentier, A.; Kaehlcke, K.; Rosenberg, A.R.; Farese, R.V., Jr.; Ott, M., 2010. A formação eficiente de partículas do vírus da hepatite C requer a diacilglicerolaciltransferase-1. Nat. Med., 16, 1295-1298.

Higuhi, (1992, 1993) UMR2142 CNRS-bioMerieux, 21 rue Tony Garnier, 69007, Lyon, França.Journal of Virological Methods (Fator de Impacto: 1.78). 07/2001; 95(1-2):pp.111-9.

Heller, K.J., 2001. Bactérias probióticas em alimentos fermentados: características do produto e organismos de arranque. The American Journal of Clinical Nutrition, 73, pp.374-379.

Hor, Y.Y. e Liong, M.T., 2014. Utilização de extractos extracelulares de bactérias do ácido lático e bifidobactérias para a inibição do agente patogénico dermatológico Staphylococcus aureus. Dermatologica Sinica, pp.1-7.

Hutt, P., 2006. Antagonistic activity of probiotic lactobacilli and bifidobacteria against entero- and uropathogens. *Jornal de Microbiologia Aplicada,* 100(6), pp.1324-1332.

Herker, E., 2010. A formação eficiente de partículas do vírus da hepatite C requer a diacilglicerol aciltransferase-1. *Nature Medicine*, 16(11), pp.1295-1298.

Imran, M., Manzoor, S.; Khattak, N. M.; Khalid, M.; Ahmed, Q. L.; Parvaiz, F.; Tariq, M.; Ashraf, J.; Ashraf, W.; Azam, S.; Ashraf, M., 2014. Terapias atuais e futuras para a infeção pelo vírus da hepatite C: Das proteínas virais aos alvos do hospedeiro. *Arquivos de Virologia*, 159(5), pp.831-846.

Isolauri, E., Sutas, Y., Kankaanpaa, P., Arvilommi, H. e Salminen, S., 2001. Probióticos:

Effects on immunity. In *American Journal of Clinical Nutrition*, 2001;73, pp444-450.

Itabe, H., 2010. Proteínas associadas a gotículas lipídicas intracelulares: membros únicos e suas funções biológicas. Prefácio. *Biological & pharmaceutical bulletin*, 33(3), p.341.

Janssen, Edith, M., Lemmens, E. E., Wolfe, T., Christen, U., Herrath, M. G. v. e Schoenberger, P. S. 2003. "As células T CD4+ são necessárias para a expansão secundária e a memória nos linfócitos T CD8+". *Nature* 421 (6925), pp. 852-56.

Jalan, Rajiv, Fernandez, J., Wiest, R., Schnabl, B., Moreau, R., Angeli, P., Stadlbauer, V., 2014. "Infecções bacterianas na cirrose: Uma declaração de posição baseada na Conferência Especial da EASL 2013." *Journal of Hepatology* 60 (6), pp. 1310-24.

Koike, K. Tsutsumi, T., Yotsuyanagi, H., Moriya, K., 2010. Metabolismo lipídico e doença hepática na infeção viral da hepatite C. *Oncology*, 78 Suppl 1, pp.24-30.

Koch, F. E., Zentralbl. Bakteriol. Parasetenkd., Abt. 1942. 1 Orig., 149, pp.122

Kanwal, Fasiha, Hoang, T.; Kramer, J. R.; Asch, S. M.; Goetz, M. B.; Zeringue, A., Richardson, P. e Elserag, H. B., 2011. "Aumento da prevalência de CHC e Cirrose em Pacientes com Infeção Crónica pelo Vírus da Hepatite C". *Gastroenterology* 140, pp. 1182-88.

Kolozyn-Krajewska, D. e Dolatowski, Z.J., 2012. Produtos cárneos probióticos e nutrição humana. *Process Biochemistry*, 47, pp.1761-1772.

Kalaitzakis, E., 2014. Disfunção gastrointestinal na cirrose hepática. *Revista mundial de* gastroenterologia: WJG, 20(40), pp.14686-95.

Kowdley, K. V, 2005. Efeitos secundários hematológicos da terapêutica com interferão e ribavirina. *Journal of clinical gastroenterology*, 39(1 Suppl), pp.3-8.

Kim AY, Kuntzen, T., Timm, J., O controlo espontâneo do VHC está associado à expressão de HLA-B 57 e à preservação de epítopos específicos. Gastroenterologia2011; 140, pp. 686-696

Kasprowicz, V.; Kang, YH.; Lucas, M.; A variação da sequência do vírus da hepatite C (HCV) induz um fenótipo de células T específico do HCV análogo à resolução espontânea. J Virol2010; 84, pp.1656-1663.

Kanto, T. e Hayashi, N., 2007. Imunidade inata na infeção pelo vírus da hepatite C: Interação entre células dendríticas, células assassinas naturais e células T assassinas naturais. Hepatology research: the official journal of the Japan Society of Hepatology, 37 Suppl 3, pp.319-326

Klingberg, T.D., 2005. Identificação de potenciais culturas de arranque probióticas para enchidos fermentados de tipo escandinavo. *Jornal Internacional de Microbiologia Alimentar*, 105(3), pp.419-431.

Kapadia, S.B. e Chisari, F. V, 2005. A replicação do ARN do vírus da hepatite C é regulada pela geranilgeranilação e pelos ácidos gordos do hospedeiro. *Actas da Academia Nacional de Ciências dos Estados Unidos da América*, 102 (7), pp.2561-2566.

Li C, Xu, X., Wang, H., Wei, B., 2012. PD-1 e CTLA-4 Mediated Inhibitory Signaling for T cell Exhaustion during Chronic Viral Infections Journal of Clinical and Cellular Immunology. 1 S12:010.

Lee, J.-Y., 2014. A apolipoproteína E contribui provavelmente para uma etapa de maturação das partículas infecciosas do vírus da hepatite C e interage com as glicoproteínas do envelope viral. Journal of *virology, 88* (21), pp.12422-37.

Lauer, GM.; Barnes, E., Lucas, M., 2004. Análise de alta resolução das respostas imunitárias celulares na infeção resolvida e persistente pelo vírus da hepatite C. Gastroenterology; 127, pp. 924-36.

Liu, Q., Trent, C. M., Fang, X., Son, N., 2012. Acil-CoA:diacilglicerol aciltransferase: Biologia molecular, bioquímica e biotecnologia. *Progresso na Investigação sobre Lípidos*, 51(4), pp.350-377.

Liang, T.J. e Ghany, M.G., 2013. Terapias actuais e futuras para a infeção pelo vírus da hepatite C. *N Engl J Med*, 368(20), pp.1907-1917

Moriishi, K. e Matsuura, Y., 2012. Exploração de componentes lipídicos por proteínas virais e do hospedeiro para a infeção pelo vírus da hepatite C. *Frontiers in Microbiology*, 3(FEB).

Miao, J.; Genga, J.; Zhanga, K.; Lia, X.; Lia, Q.; Lia, C., e Zhua, P., 2013. Frequências de células T $CD4^+$ $CD161^+$ produtoras de IL-17 circulantes e células T $CD4^+$ $CD161^+$ correlacionam-se com a atividade da doença na artrite reumatoide. *Reumatologia Moderna*, (127), pp.1-8.

MacConkey AT (1905). "Bactérias fermentadoras de lactose nas fezes". J Hyg (Lond) 5 (3): 333-79.

Mac Nicholas, R. e Norris, S., 2010. Artigo de revisão: Otimização da RVS e gestão dos efeitos secundários hematológicos da terapêutica antiviral peginterferão/ribavirina para o VHC - O papel da epoetina, do G-CSF e de novos agentes. Alimentary *Pharmacology and Therapeutics,* 31(9), pp.929-937.

Munir, S., 2010. Tratamento da hepatite C: perspectivas actuais e futuras. *Revista de Virologia*, 7, p.296.

Milhão, 2012. Obesity-associated gut microbiota is enriched In Lactobacillus reuteri and depleted in *Bifidobacterium* animalis and Methano-brevibacter smithii. *International Journal of Obesity*, 36 (6), pp.817-825.

Marteau, P.R., 2002. Probióticos em condições clínicas. *Revisões clínicas em alergia e imunologia*, 22(3), pp.255-273

Munoz-Atienza, E., 2013. Atividade antimicrobiana, suscetibilidade a antibióticos e fatores de virulência de bactérias do ácido lático de origem aquática destinadas ao uso como probióticos na aquicultura. *BMC microbiology*, 13, p.15.

Monteagudo-Mera, A., 2011. Caracterização de certas estirpes bacterianas para utilização potencial como culturas de arranque ou probióticas em produtos lácteos. *Jornal de Proteção Alimentar*, 74(8), pp.1379-1386

McLauchlan, J., 2009. Gotículas lipídicas e infeção pelo vírus da hepatite C. *Biochimica et biophysica ata*, 1791(6), pp.552-559.

McGovern, B. e Birch, C., 2009. Melhorar o diagnóstico da infeção aguda pelo vírus da hepatite C com critérios alargados de carga viral. *Clinical infectious*, 49, pp.1051-60.

Miyagi, T., 2007. STAT4 basal elevado equilibrado pela indução de STAT1 para controlar os efeitos do interferão de tipo 1 nas células assassinas naturais. *Jornal de Medicina*

Experimental, 204(10), pp.2383-2396.

Macfarlane, G.T. e Macfarlane, S., 2011. Fermentação no intestino grosso humano: as suas consequências fisiológicas e a potencial contribuição dos prebióticos. *Journal of Clinical Gastroenterology*, 451 (3), pp.S120-S127.

Massi, M., Vitali, B., Federici, F., Matteuzzi, D. e Brigidi, P., 2004. Método de identificação baseado em PCR combinado com ribotipagem automatizada para rastrear estirpes probióticas de Lactobacillus que colonizam o intestino e a vagina humanos. Journal of Applied *Microbiology,* 96(4), pp.777-786.

Mac Nicholas, R. e Norris, S., 2010. Artigo de revisão: Otimização da RVS e gestão dos efeitos secundários hematológicos da terapêutica antiviral peginterferão/ribavirina para o VHC - O papel da epoetina, do G-CSF e de novos agentes. *Alimentary Pharmacology and Therapeutics*, 31(9), pp.929-937.

Ng, S.C., Plamondon, S.; Kamm, M. A.; Hart, A. L.; Al-Hassi, H. O.; Guenther, T., 2010. Efeitos imunossupressores através de células dendríticas intestinais humanas de bactérias probióticas e esteróides no tratamento da colite ulcerosa aguda. *Inflammatory Bowel Diseases*, 16(8), pp.1286-1298.

Nielsen, N., 0dum, N., Urs0 , B., Lanier , L. L., Spee, P., 2012. A citotoxicidade das células NK brilhantes CD56 em relação às células T CD4 + activadas autólogas é mediada por NKG2D, LFA-1 e TRAIL e amortecida por CD94 / NKG2A. *PLoS ONE*, 7(2), pp.785-788.

Nevo-Yassaf, I., 2012. Papel de TBC1D20 e Rab1 na replicação do vírus da hepatite C através da interação com a proteína não estrutural 5A ligada a gotículas lipídicas. *Journal of Virology*, 86(12), pp.6491-6502.

Nagpal,R., Kumar, A., Kumar, M., Behare, P.V., Jain, S., Yadav, H., 2012. Probióticos, seus benefícios para a saúde e aplicações para o desenvolvimento de alimentos mais saudáveis: A review.
FEMS Microbiology Letters, 334(1), pp.1-15.

Nayak, S.K., 2010. Probióticos e imunidade: A fish perspective. *Fish and Shellfish Immunology*, 29(1), pp.2-14.

. **Ohland CL**, Macnaughton WK (2010) Bactérias probióticas e função de barreira epitelial intestinal. Am J Physiol Gastrointest Liver Physiol 298: G807-819

Ohno, T., 1997. Novo sistema de genotipagem do vírus da hepatite C (HCV) que permite a identificação dos genótipos 1a, 1b, 2a, 2b, 3a, 3b, 4, 5a e 6a do HCV. Journal of *Clinical Microbiology,* 35(1), pp.201-207.

Ohland, C.L. e Macnaughton, W.K., 2010. Bactérias probióticas e função de barreira epitelial intestinal. *Revista americana de fisiologia. Gastrointestinal and liver physiology*, 298(6), pp.807-819.

Ooi, L.G. e Liong, M.T., 2010. Efeitos dos probióticos e prebióticos na redução do colesterol: A review of in Vivo and in Vitro Findings. *Revista Internacional de Ciências Moleculares*, 11(6), pp.2499-2522.

Owen, D.M., 2009. A apolipoproteína E no virião da hepatite C facilita a infeção através da interação com o recetor da lipoproteína de baixa densidade. *Virologia*, 394(1), pp.99-

108.

Parekh, P.J., Balart, A. L., e Johnson, D. A., 2014. O papel e a influência da microbiota intestinal na patogénese e na gestão da obesidade e da síndrome metabólica. *Frontiers in Endocrinology*, 5(APR),6,e91.pp,1-12

Ploen, D.; Hafirassou, M.L.; Himmelsbach, K.; Sauter, D.; Biniossek, M.L.; Weiss, T.S.; Baumert, T.F.; Schuster, C.; Hildt, E., 2013 TIP47 desempenha um papel crucial no ciclo de vida do vírus da hepatite C. J. Hepatol, 58, Issue 6, pp. 1081-1088.

Phillips, M., Kailasapathy, K. e Tran, L., 2006. Viabilidade de culturas probióticas comerciais (L. acidophilus, Bifidobacterium sp., L. casei, L. paracasei e L. rhamnosus) em queijo cheddar. *Jornal Internacional de Microbiologia Alimentar*, 108(2), pp.276-280.

Parvez, S. e Malek, 2006. Os probióticos e os seus produtos alimentares fermentados são benéficos para a saúde. *Jornal de Microbiologia Aplicada*, 100(6), pp.1171-1185.

Prez-Cano, F.J., Dong, H. e Yaqoob, P., 2010. Atividade imunomoduladora in vitro de Lactobacillus fermentum CECT5716 e Lactobacillus salivarius CECT5713: duas estirpes probióticas isoladas do leite materno humano. *Immunobiology,* 215(12), pp.9961004.

Planella, T., 1997. Cálculo do colesterol LDL utilizando a apolipoproteína B para a classificação da dislipemia não quilomicrónica. *Química Clínica*, 43(5), pp.808-815.

Pagnini, C., Saeeda, R., Bamiasa, G., Arseneaub, K. O., Pizarrob, T. T., e Cominellib, F., 2010. Os probióticos promovem a saúde intestinal através da estimulação da imunidade inata epitelial. *Actas da Academia Nacional das Ciências dos Estados Unidos da América*, 107(1), pp.454-459.

Romero-Brey, I.; Merz, A.; Chiramel, A.; Lee, J.Y.; Chlanda, P.; Haselman, U.; Santarella-Mellwig, R.; Habermann, A.; Hoppe, S.; Kallis, S.; 2012. Arquitetura tridimensional e biogênese de estruturas de membrana associadas à replicação do vírus da hepatite C.PLoS Pathog., 8, e1003056.

Rehermann, B., Nascimbeni M., 2005. Imunologia da infeção pelo vírus da hepatite B e pelo vírus da hepatite C. Nature Reviews Immunology; 5:215-29

Ridlon, J.M., 2014. Ácidos biliares e o microbioma intestinal. *Opinião atual em gastroenterologia*, 30(3), pp.332-8.

Rossi, M., Amaretti, A. e Raimondi, S., 2011. Produção de folato por bactérias probióticas. *Nutrientes*, 3(1), pp.118-134.

Rockville, MD, 1995: The United States Pharmacopeial Convention, Mannitol salt agar.

Reis, J.A., 2012. Compostos Antimicrobianos de Bactérias do Ácido Láctico: Características e Aplicações. Food Engineering Reviews, 4(2), pp.124-140.

Rask, C., 2013. Efeito diferencial na imunidade mediada por células em voluntários humanos após a ingestão de diferentes lactobacilos. Imunologia Clínica e Experimental, 172(2), pp.321-332.

Roingeard, P. e Hourioux, C., 2008. Proteína central do vírus da hepatite C, gotículas lipídicas e esteatose. Journal of viral hepatitis, 15(3), pp.157-64.

Rubbia-Brandt, L., 2000. A esteatose dos hepatócitos é um efeito citopático do genótipo 3 do vírus da hepatite C. Jornal de Hepatologia, 33, pp.106-115.

Sy, T. e Jamal, M.M., 2006. Epidemiologia da infeção pelo vírus da hepatite C (VHC). Jornal Internacional de Ciências Médicas, 3(2), pp.41-46.

Shepard, C.W., Finelli, L. e Alter, M.J., 2005. Global epidemiology of hepatitis C virus infection (Epidemiologia global da infeção pelo vírus da hepatite C). The Lancet infectious diseases, 5(9), pp.558-567.

Swadling, L., Klenerman, P. e Barnes, E., 2013. Cada vez mais perto de uma vacina profiláctica para o VHC. Parecer de peritos em terapia biológica, 13(8), pp.1109-24.

Shrivastava, S., Mukherjee, A. e Ray, R.B., 2013. Infeção pelo vírus da hepatite c, microRNA e progressão da doença hepática. Jornal Mundial de Hepatologia, 5(9), pp.479-486.

Shoukry, NH., Grakoui, A., Houghton, M., 2003. As células T $CD8^+$ de memória são necessárias para a proteção contra a infeção persistente pelo vírus da hepatite C. The Journal of Experimental Medicine; 197, pp.1645-55.

Stackebrandt, E., Liesack, W. e Witt, D., 1992. Ribosomal RNA and rDNA sequence analyses. Gene, 115(1-2), pp.255-260

Schober, Gudrun, Arnold, M., Birtles, S., Buckett, L. K., Pacheco-Lopez, G., Turnbull, A. V., Langhans, W., e Mansouri, A., 2013. "A inibição da diacilglicerol aciltransferase-1 aumenta a oxidação intestinal de ácidos graxos e reduz a ingestão de energia em ratos". *Journal of Lipid Research* 54 (5), pp. 1369-84.

Suppiah, V., 2011. As variantes IL28B, HLA-C e KIR prevêem aditivamente a resposta à terapêutica na infeção crónica pelo vírus da hepatite C numa coorte europeia: um estudo transversal. PLoS medicine, 8(9), p.e1001092.

Shokryazdan, Parisa, Sieo, C. C., Kalavathy, R., Liang, J. B., Alitheen, N. B., Jahromi, M. F., e Yin Wan Ho. 2014. "Potencial probiótico de cepas de Lactobacillus com atividade antimicrobiana contra algumas cepas patogênicas humanas". *BioMed Research International* 2014, pp.1-16

Sanders, M.E., 2008. Probiotics: definition, sources, selection, and uses (Probióticos: definição, fontes, seleção e utilizações). *Clinical* infectious diseases : an official publication of the Infectious Diseases Society of *America,* 46 Suppl 2(Suppl 2), pp.58-61; discussion , pp. 144-S151.

Sutton, A., 2008. Desenvolvimento de produtos probióticos como medicamentos biológicos. *Clinical* infectious diseases : an official publication of the Infectious Diseases Society of *America*, 46 Suppl 2(Suppl 2), pp.128-132; discussão 144-151.

Snydman, D.R., 2008. A segurança dos probióticos. Clinical infectious diseases : an official *publication of the Infectious Diseases Society of America*, 46 Suppl 2, pp.104-S111.

Singh, V.P., 2013. Papel dos probióticos na saúde e na doença: A review. *Jornal da Associação Médica do Paquistão*, 63(2), pp.253-257.

Saxelin, M., 1996. Lactobacilli and bacteremia in southern Finland, 1989-1992. *Clinical* infectious diseases : an official publication of the Infectious Diseases Society of *America*, 22(3), pp.564-566.

Sanders, M.E., 2010. Avaliação da segurança dos probióticos para uso humano. *Gut* *microbes*, 1(3), pp.164-185.

Servin, A. L. e Coconnier, M.H., 2003. Adesão de estirpes probióticas à mucosa intestinal e interação com agentes patogénicos. *Bailliere's Best Practice and Research in Clinical Gastroenterology*, 17(5), pp.741-754.

Sul, S.Y., 2007. Identificação rápida de Lactobacillus e Bifidobacterium em produtos probióticos utilizando PCR multiplex. Jornal de Microbiologia e Biotecnologia, 17(3), pp.490-495.

Suskovic, J., 2010. Antimicrobial activity - The most important property of probiotic and starter lactic acid bacteria (Atividade antimicrobiana - A propriedade mais importante das bactérias probióticas e iniciadoras do ácido lático). Tecnologia Alimentar e Biotecnologia, 48(3), pp.296-307.

Sikorska, H. e Smoragiewicz, W., 2013. Papel dos probióticos na prevenção e tratamento de infecções por Staphylococcus aureus resistentes à meticilina. Jornal Internacional de Agentes Antimicrobianos, 42(6), pp.475-481.

Servin, A.L., 2004. Actividades antagonistas de lactobacilos e bifidobactérias contra agentes patogénicos microbianos. FEMS Microbiology Reviews, 28(4), pp.405-440.

Shimizu, Y., 2011. O componente lipoproteico associado ao vírus da hepatite C é essencial para a infecciosidade do vírus. Curr Opin Virol, 1(1), pp.19-26

Serfaty, L., 2001. Hepatitis C virus induced hypobetalipoproteinemia: a possible mechanism for steatosis in chronic hepatitis C. Journal of hepatology, 34, pp.428434.

Sezaki, H., 2009. Um estudo piloto aberto que explora a eficácia da fluvastatina, do interferão peguilado e da ribavirina em doentes com o genótipo 1b do vírus da hepatite C com cargas virais elevadas. Intervirologia, 52(1), pp.43-8.

Shavinskaya, A., 2007. O domínio de ligação às gotículas lipídicas da proteína do núcleo do vírus da hepatite C é um determinante importante para a montagem eficiente do vírus. Jornal de Química Biológica, 282(51), pp.37158-37169.

Siagris, D. et al., 2006. Padrão lipídico sérico na hepatite C crónica: correlações histológicas e virológicas. Journal of Viral Hepatitis, 13(1), pp.56-61.

Snydman, D.R., 2008. A segurança dos probióticos. Clinical infectious diseases : an official *publication of the Infectious Diseases Society of America,* 46 Suppl 2, pp.104-111; discussion ,pp.144-151.

Tejero-Sariena, S. Barlow, J., Costabile, A.,2012. Avaliação in vitro da atividade antimicrobiana de uma gama de probióticos contra agentes patogénicos: Evidência para os efeitos dos ácidos orgânicos. *Anaerobe*, 18(5), pp.530-538.

Turchetto-Zolet,A.C.,Felipe, S., Maraschin, Morais, G. L d.,Cagliari, A., Andrade, C. MB., Margis-Pinheiro M., e Margis R., 2011. Visão evolutiva da acil-CoA diacilglicerol aciltransferase (DGAT), uma enzima chave na biossíntese de lípidos neutros. *BMC Evolutionary Biology*, 11(1), p.263.

Tsochatzis, E. a, Bosch, J. e Burroughs, A.K., 2014. Liver cirrhosis. *Lancet*, 383(9930), pp.1749-61.

Thimme, R., Oldach, D., Chang, KM., Steiger, C., Ray, SC., Chisari, FV., 2001 Determinants of viral clearance and persistence during acute hepatitis C virus infection. J Exp Med; 194,pp.1395-406.

Thimme, R., 2002. Viral and immunological determinants of hepatitis C virus clearance, persistence, and disease (Determinantes virais e imunológicos da eliminação, persistência e doença do vírus da hepatite C). *Actas da Academia Nacional de Ciências dos Estados Unidos da América*, 99, pp.15661-15668.

Tsai, Y.T., Cheng, P.C. e Pan, T.M., 2012. Os efeitos imunomoduladores das bactérias do ácido lático para melhorar as funções e os benefícios imunitários. *Microbiologia Aplicada e Biotecnologia*, 96(4), pp.853-862.

Thomssen, R., Bonk, S. e Thiele, A, 1993. Heterogeneidades de densidade do vírus da hepatite C em soros humanos devido à ligação de beta-lipoproteínas e imunoglobulinas. *Medical microbiology and immunology*, 182, pp.329-334.

Wong, DK., Dudley, DD., Afdhal, NH., Liver-derived CTL in hepatitis C virus infection: breadth and specificity of responses in a cohort of persons with chronic infection. Journal of Immunology 1998; 160, pp.1479-1488.

Williams, N.T., 2010. Probióticos. American Journal of Health-System Pharmacy, 67(6), pp.449-458.

Wallace H. Coulter, 1953". Beckman Coulter, Inc. 2011.Citometria de fluxo

Xu, H., 2009. Avaliação das propriedades da superfície celular e do potencial de adesão de estirpes probióticas seleccionadas. Cartas em Microbiologia Aplicada, 49(4), pp.434-442.

Ye, L., 2009. As células T $CD56^+$ inibem a replicação do vírus da hepatite C em hepatócitos humanos. Hepatology (Baltimore, Md.), 49(3), pp.753-762.

Yoo, Yeon, M. J. e Chen, X.D., 2006. Modelação físico-química do GIT - uma revisão crítica. Jornal Internacional de Engenharia Alimentar, 2(4), pp.1556-3758.

Yan, F. e Polk, D.B., 2011. Probióticos e saúde imunitária. Curr Opin Gastroenterol, 27(6), pp.496-501

Zeng, Q.L., 2013. Sofosbuvir e ABT-450: Exterminador do vírus da hepatite C? Jornal Mundial de Gastroenterologia, 19(21), pp.3199-3206.

Zhang, S., Bastian, N.D. e Griffin, P.M., 2015. Custo-eficácia dos tratamentos à base de sofosbuvir para a hepatite C crónica nos EUA. BMC gastroenterology, 15, p.98.

Zeuzem, Foster; S. G.R.; Afdhal, N.; Roberts, S.K.; Brau, N.; Gane, E.J.; Pianko, S.; Lawitz, E.; Thompson, A.; Shiffman, M.L.; Cooper, C.; Towner, W.J.; Conway, B.; Ruane, P.; Bourliere, M.; Asselah, T.; Berg, T., 2014. Sofosbuvir e Ribavirina nos Genótipos 2 e 3 do HCV. New England Journal of Medicine, p.

More Books!

yes I want morebooks!

Buy your books fast and straightforward online - at one of world's fastest growing online book stores! Environmentally sound due to Print-on-Demand technologies.

Buy your books online at
www.morebooks.shop

Compre os seus livros mais rápido e diretamente na internet, em uma das livrarias on-line com o maior crescimento no mundo! Produção que protege o meio ambiente através das tecnologias de impressão sob demanda.

Compre os seus livros on-line em
www.morebooks.shop

info@omniscriptum.com
www.omniscriptum.com

OMNIScriptum

MIX
Papier aus verantwortungsvollen Quellen
Paper from responsible sources
FSC® C105338

Printed by Books on Demand GmbH, Norderstedt / Germany